U0181849

WAIC

智联世界

——生成未来

世界人工智能大会组委会　编

上海科学技术出版社

"新一代人工智能正在全球范围内蓬勃兴起，为经济社会发展注入了新动能，正在深刻改变人们的生产生活方式。"

"中国愿在人工智能领域与各国共推发展、共护安全、共享成果。"

——摘自习近平总书记
致2018世界人工智能大会的贺信

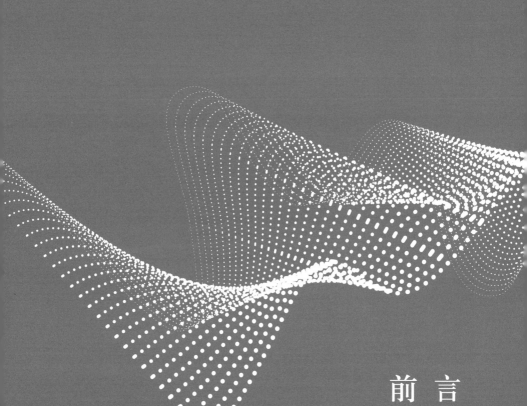

前　言

2023世界人工智能大会于2023年7月6—8日在上海成功举办。本届大会吸引了来自世界各地的人工智能顶级科学家、企业家、投资家、开发者等各界人士，围绕"智联世界 生成未来"的主题，汇聚了世界人工智能发展前沿观点和成果，以前沿的思想引领行业创新方向，以卓越的成果激励产业发展新动力，以沉浸的体验绘制未来美好蓝图，打造了一届跨越时空、链接全球、凝聚智慧的行业盛会，在海内外业界和全社会引起广泛影响和关注。

作为国际高端合作交流平台，世界人工智能大会已成功举办六届。大会贯彻习近平总书记关于推动我国新一代人工智能健康发展重要指示，落实国家《新一代人工智能发展规划》，也是上海加快建设人工智能高地，汇聚全球创新资源，推动人工智能产业和技术融合发展的重要举措。在2023年世界人工智能大会开幕式上，上海市委书记陈吉宁致辞时指出，5年来，上海深入贯彻落实习近平总书记的重要指示，始终把发展人工智能作为优先战略选择，聚四海之气、借八方之力，不断强化创新策源、应用示范、制度供给和人才集聚。上海正按照习近平总书记的重要指示要求，努力当好全国改革开放排头兵、创新发展先行者，更加需要发挥人工智能赋能百业的"头雁效应"、拉动发展的"乘数效应"。

为更好分享世界人工智能大会的思想和学术成果，应各界需求，大会组委会在2023年继续推出"智联世界"系列图书。本书以2023世界人工智能大会开幕式和全体会议的嘉宾演讲内容为主，围绕"生成创新，智启新篇""技术探索，发展策源""赋能引擎，重构未来"主题，全面展现世界人工智能前沿观点洞察和最新发展态势。

本书旨在为相关人士和广大读者理解把握人工智能发展趋势、参与世界人工智能大会和上海人工智能高地建设、推动我国新一代人工智能健康发展提供有益参考。

世界人工智能大会组委会

2023 年 11 月

目 录

技术探索，发展策源

赋能引擎，重构未来

WAIC

生成创新，智启新篇

通用人工智能新时代AI创见

埃隆·马斯克
(Elon Musk)

特斯拉公司联合创始人、首席执行官

特斯拉公司联合创始人、首席执行官和产品架构师，同时
也是太空探索公司（SpaceX）的创始人、首席执行官和首
席技术官。

在特斯拉公司，作为首席执行官负责公司的产品战略，包
括设计、研发和制造在美国加州弗里蒙特生产的全系列纯
电动汽车产品。

位列《彭博商业周刊》2017年度全球50大最具影响力人
物榜单第43位，并入选"《时代周刊》2018年全球最具影
响力人物"。

上海的各位朋友，大家好！

我相信人工智能将在人类未来的视野中扮演着极其重要的角色，并对文明产生深刻的影响。我们已经目睹数字计算能力呈现爆炸式的增长，其中一个关键考量指标就是比例，即数字计算、机器计算能力与生物计算的比例。具体来说，相较于人类所能进行的计算强度而言，计算机和机器所能达到的计算强度的比值每年都在不断提高，这意味着机器和人类在计算能力上的差距正在进一步扩大。随着时间的推移，相对于机器智能而言，人类智能在整个智能体系中的地位将逐渐降低，这将是一场根本和深刻的转变。目前，这种转变带来的影响依然难以被完全理解，只能说这是人类历史上最为深刻的转变时期之一。

特斯拉的Optimus机器人目前仍处于开发阶段，然而在未来，我们将会面对大量机器人存在的现实。在这样的情况下，同样需要考虑一个比例问题，即机器人与人类的比例在未来将是多少？从目前的观察来看，这个比例很快将突破1：1，也就是说，地球上的机器人数量将超过人类，而且它们的计算能力也将远超人类。这似乎是一个不可避免的发展趋势。这种发展趋势将同时带来积极和消极的影响。从积极的角度来看，我们将迎来一个短缺后时代，即不再存在资源短缺的问题。这将是一个富足的时代，人们可以立刻获得想要的东西。由于未来世界将有大量机器人参与生产，它们的生产效率将远超人类主导的生产效率。这将是一场非常巨大的变革，因此，我们必须谨慎对待，以确保最终结果对人类有益。

就目前的发展趋势，比如说在特斯拉的人形机器人领域，可以看出未来机器人的数量会越来越多。Optimus机器人的智能程度虽然还不是非常强大，但足以完成一些无聊、重复、危险等人类不愿意承担的工作。这正是我们的目标所在，我认为这将会很有助益。虽然目前对特斯拉的Optimus机器人不宜过度乐观，但是我们对机器人的发展和应用仍持着开放的心态。

在自动驾驶领域，特斯拉很有兴趣将相关技术分享给其他制造商以提供技术许可。我们认为这是一项非常有用的技术，可以彻底改变无趣的驾驶过程，是超越时代的突破。同时，可以预见到汽车的使用率将大大提高。一般情况下，家用汽车的使用时间通常为每周10～20小时，大部分时间都是停放在停车场。然而，全自动驾驶汽车的使用时间可能达到每周50～60小时，其使用率比非全自动驾驶汽车高5倍，在每周合计168小时中占比可观。特斯拉致力于提供这种自动驾驶技术，这也是我们愿意将全自动驾驶技术许可提供给其他汽车制造商使用的原因之一。

当前，我们的自动驾驶技术发展到了怎样的阶段呢？我们认为已经非常接近无人干预的全自动驾驶状态。我们在美国的道路上进行了测试，自动驾驶技术很少需要进行人工干预。因此，从起点A到终点B的行程中，当我开着一辆搭载最新FSD全自动驾驶系统的特斯拉时，几乎不需要触摸控制器。我预测，可能在2023年稍晚时间就可以实现全自动驾驶或者达到4～5级全自动驾驶。我以前也做过一些预测，但都没有言中，不过我现在觉得这次的预测比以往任何时候都更接近于现实。

同时，我们需要对深度、全面的人工智能保持警惕，特别是在全自动驾驶汽车领域。有限制的人工智能和全面的人工智能是完全不同的。全面人工智能很难定义，它是一种在任何领域都比人类要聪明得多的人工智能类型。特斯拉并没有围绕这方面进行研究，而其他公司已开始研究全面人工智能。然而，我认为这是我们需要考虑的问题。现在需要对这些全面的人工智能进行监督和监管，以确保类似深度的人工智能的安全。我所说的这种人工智能的能力接近于数以万计的高性能计算机，甚至是数以百万计的高性能计算机协作组合产生的超级智能。这样的超级智能具有比人类更强大的能力，但也将伴随着风险。它可能带来积极的未来，但也有可能带来负面的影响。我们需要尽力确保消极的状况不会发生，同时展望积极的未来。

共赢人工智能新时代

胡厚崑   **华为轮值董事长**

出生于1968年，本科毕业于华中理工大学。1990年加入华为，历任公司中国市场部总裁、拉美地区部总裁、全球销售部总裁、销售与服务总裁、战略与Marketing总裁、全球网络安全与用户隐私保护委员会主席、美国华为董事长、公司副董事长、轮值CEO及人力资源委员会主任等，现任公司副董事长、轮值董事长等职务。

　　ChatGPT的出现，使人工智能成为当前最热门的话题，整个社会对人工智能可以发挥的作用产生了空前高涨的期待。我们坚信，在不远的将来，人工智能，尤其是通用人工智能，将会改写我们身边的一切。

　　对于华为来说，我们下一阶段要全力推进人工智能走深向实。为了实现这个目标，我们有两个关键举措：一是打造强有力的算力底座，支撑中国人工智能产业的发展；二是从通用大模型到行业大模型，真正让人工智能服务好千行百业，服务好科学研究。

　　算力是人工智能发展的基础。但在中国当前的情况下，算力在可获取性和成本方面，都面临着不小的挑战。华为多年来深耕算力，主要聚焦在鲲鹏和昇腾的根技术上，通过架构创新、发展生态，以及灵活共建等手段，支撑未来算力底座的打造。我们希望通过与大家的共同努力，让算力不再成为人工智能发展的瓶颈。

在计算节点层面，我们推出革命性的对等平构架构。突破传统的以CPU为中心的异构计算带来的性能瓶颈，从而提升整个计算的带宽，降低时延，使节点性能得到30%的提升。

在数据中心层面，我们在2019年推出了昇腾AI集群。发挥云计算、存储、网络、能源的综合优势，相当于把AI数据中心当成一台超级计算机来设计，使得昇腾AI集群性能更高，并且更可靠。当前，我们在国内建设的规模最大的AI计算集群在深圳鹏城云脑Ⅱ期，目前算力是1 000 P的规模，按照规划，到2024年3期的时候，规模会达到16 000 P的水平。同时，在乌兰察布的华为计算中心，我们部署了几千卡的规模，实测发现通过集群的方式，在同等算力的情况下可以得到10%以上的效率提升。

生态对计算产业的持续发展非常关键，往往也是瓶颈。4年前，华为围绕计算产业的发展，提出了"硬件开放、软件开源、使能伙伴、发展人才"的战略，坚持开放协作，激活算力生态。4年以来，在全产业合作伙伴的共同努力下，已初步构建起完整的计算产业生态。

在硬件方面，我们坚持进一步开放，2023年推出了更多样化的模组和板卡，30多家硬件伙伴基于昇腾AI，推出了上百款人工智能硬件产品，以满足不同行业场景差异化的需求。

在软件方面，我们坚持通过开源来做强基础软件。为当前大模型的创新提供全流程的使能平台，支撑好科研机构和企业客户，原生孵化了20多个基础大模型，同时适配10多个业界主流大模型。当前，中国大模型中有一半是由昇腾AI来支撑的。因此，也特别感谢选择昇腾AI算力的公司和机构对华为的信任以及给予我们的信心。

在中国，客户算力需求多种多样，我们结合实际情况，采取多种模式来进行算力的建设。在城市算力基础设施方面，华为支持各地政府打造人工智能计算中心，提供普惠的算力基础设施服务。目前，全国已有25个城市，如上海、武汉、西安等基于昇腾AI建设了人工智能计算中心。

此外，针对有自建人工智能算力中心诉求的大型企业，我们可以帮助它们构建独立的算力中心。当前，中国移动、科大讯飞、南方电网等企业均在规划和建设大规模的算力集群，华为也积极参与其中。

同时，更多的中小企业，对AI也有很旺盛的需求。我们还能在华为云上提供AI算力服务，如此一来，这些企业就可以快速实现开发和应用AI，直接云上获取，随取随用。

在深耕算力的同时，要想真正让人工智能走进千行百业，服务科学研究。我们还要做到以下两点：一是要打好基础，持续提升通用大模型的能力；二是在此基础上，要建好行业模型，将行业专有知识、经验与大模型能力充分结合，为最终客户提供更专业精准的解决方案。

例如，在回答"我是住在福田区的78岁老人，请问政府能给我提供什么补贴？"同样一个问题时，通用大模型和行业大模型的表现是不一样的。通用大模型会给出一些正确但笼统的信息，但行业大模型能够给出更精准、更有价值的答案，这也是我们要努力的方向。

AI for Industry，从"读万卷书"到"行万里路"。华为首次提出了3层大模型架构，在不同层面，构建不同的能力。最底层的基础模型，做好海量基础知识的学习，相当于"读万卷书"，打好基础。在此之上，针对不同的行业、不同的场景，进行专项知识和经验的训练，打造好用、易用的行业模型和场景模型，相当于"行万里路"。

知易行难，从"读万卷书"到"行万里路"，还需要面对很多挑战。关键是要做好客户及行业伙伴的行业知识与大模型的匹配，解决好场景、技术、算法和数据的融合，让大模型在行业的价值创造中发挥重要作用。

目前，华为云盘古大模型已经深入金融、制造、政务、电力、煤矿、医疗、铁路等10多个行业，支撑400多个业务场景的AI应用落地。未来，我们希望与更多的行业伙伴携起手来，在更多的行业落地大模型，真正做到走深做实。

AI for Science，助力科学研究。华为希望大模型不仅能用于工厂、港口、银行等行业场景，而且也能走进实验室和研究所，助力科学研究。

AI通过学习海量的科学知识的历史数据，并将数学方程编码进大模型中，可以促进AI与基础学科，如分子动力学、流体力学、传热学、生物学等结合，从而发现更多科学的规律，解开更多自然界的密码。

华为盘古科学计算大模型，当前包括药物分子大模型、盘古气象大模型和海浪大模型。我们与科学家共同合作，取得了很好的进展。如在气象预报领域，盘古大模型的预测可以在秒级时间内，完成未来全球1个小时到7天的天气预报，又快又准。做到这点有两个关键，一是充分学习全球40年的气象数据，打牢基础，就是"读万卷书"；二是在这个基础上，再到行业里去训练，就是"行万里路"。比如预测台风路径，大模型通过方程推算出的结果，要和真实的历史台风路径做校准，每一次校准，都需要算法和科学专家一起参与，通过不断地调优，找到最佳匹配。

我们希望，AI for Science，能为科学家、科学工作者带来更多新思路、新方法、新工具，也为我们的产业输入新的动力。

我们非常有幸，共同见证科技革命的几次浪潮，从互联网到移动化，从云计算到智能化，每一轮变革都带来深远的影响。毫无疑问，通用人工智能正在开创下一个黄金10年，让我们携起手来，共同创新，服务好千行百业，服务好科学研究，共赢人工智能新时代。

文心一言

王海峰

**百度首席技术官、
深度学习技术及应用国家工程研究中心主任**

博士，现任深度学习技术及应用国家工程研究中心主任，兼任中国电子学会、中国中文信息学会、中国工程师联合体副理事长等。先后负责百度搜索、百度地图、百度翻译、百度智能云等业务。世界上自然语言处理领域最具影响力的国际学术组织ACL的首位华人主席、ACL亚太分会创始主席、ACL会员，IEEE会员、CAAI会员及国际欧亚科学院院士等。入选"国家百千万人才工程"，被授予"有突出贡献中青年专家"称号。享受国务院政府特殊津贴。

目前，以大语言模型为代表的人工智能技术正在迅猛发展，成为产业升级和经济增长的重要驱动力。我们深知，一份报告可以展现出人工智能对各行各业产生的广泛影响。在这个人工智能时代，特别值得关注的是它也是信息技术领域的一种。现在让我们先来研究一下信息技术发生了哪些重要变化。

在传统的信息技术架构中，通常包含应用层、操作系统层和芯片层3个关键层次，每个层次都有一些代表性的公司和产品。在操作系统层面，我认为已经出现了两个分化的方向。一方面，人工智能的基础技术主要以深度学习技术为核心，因此深度学习框架和平台仍然是非常重要的一个层次，我们可以称其为框架层；另一方面，大模型技术已逐渐从深度学习中独立出来，成为一个相对独立的层次，其所释放出的能力和价值将日益增大。

经过10多年在人工智能领域的全面布局，百度在智能时代的几个技术层面上都进行了比较全面的规划。在芯片层面，我们拥有昆仑芯片；在框架层面，百度推出了中国第一个完全自主可控的产业级框架和平台；在模型层面，我们拥有文心大模型，并且已经在C端和B端实现了各种应用。

尤其值得一提的是，框架层和模型层在百度的布局非常重要，而且这两层之间有着紧密的联系。在开发一个大模型的过程中，框架层和模型层需要密切协作，相互优化，以实现更好的性能和效果。

首先，让我们来看一下框架层。飞桨是由我们开发的一个产业级深度学习开源开放平台。拥有这样的基础框架后，开发者便可以在其基础上进行深度学习和人工智能技术的开发。为了更加便捷和高效地进行开发，我们还需要一系列的支撑措施，例如模型库，以及端到端的开发套件等。飞桨这一平台已经吸引了750多万名开发者的加入，并且支持了大量企业开发出各种模型，为产业发展作出了巨大贡献。我们说的文心大模型处于飞桨这一完整平台的模型层。

今天我主要介绍"文心大模型"。我们从2019年开始发展文心的1.0版本，在2023年3月，百度发布了基于文心3.0版本的"文心一言"，目前已经升级至3.5版本，其效果也得到了显著的提升。

"文心一言"是一个知识增强的大语言模型。大语言模型首先依赖于一个预训练的大模型，在这方面，飞桨的优秀训练能力为

"文心一言"的开发提供了有力支撑。除此之外，通常一个大语言模型还需要一些必要的技术，比如人类反馈的强化学习和提示。而"文心一言"在这些通用技术的基础上，还拥有一些独特的创新技术，包括知识增强、检索增强和对话增量。这些技术的融合共同构成了我们今天的"文心一言"。

有监督的精调可以理解为预训练模型在获得老师指导后的学习过程，就像学生接受老师的指导后，通过练习，老师给予反馈，再进行针对性的提高学习效果一样。这个过程类似于人类反馈的强化学习，而提示在其中扮演着重要的角色。我们都知道在人与人之间的交流中，若一个人善于提问，就能帮助另一个人更好地发挥和回答问题。类似地，在构建提示词时，我们也能通过恰当的提示帮助模型更好地完成任务。提示词的优化将在模型的学习和表现中发挥关键作用。

我们称之为知识增强的大语言模型，其一个重要特点在于它不仅可以从原始的无标注数据中学习，还可以从知识和数据的融合中进行学习。人类可以通过观察世界获得丰富的知识，更重要的是可以从书本中学习前人总结和积累的知识。人类进步的过程很大程度上依赖于知识的不断总结、凝练和传承。因此，知识增强技术对大语言模型的效果和效率提升，都起到了非常重要的作用。

在这种知识增强的模型中，数据来源不仅包括自然语言数据，如中文和英文等，还包括形式语言或代码数据，以及人工标注的数据。同时，知识图谱作为一种重要的知识资源，经过十几年的积累与开发，拥有着约5 500亿条知识庞大的数据量。我们从这数千亿条知识和数万亿条数据中进行融合学习,最终得到了"文心一言"这个强大的大语言模型。

在知识的应用方面,有两个主要的过程:一是我们可以将知识学习到神经网络的参数中,实现知识的内化;二是在推理阶段,我们可以利用这些学到的知识进行构建,这是知识外用的过程。

对于大语言模型而言,一旦训练完成,训练数据就截止到某一个时间点,无法继续学习最新的信息。然而,通过搜索引擎的实时获取,我们可以解决这一问题。搜索引擎可以及时地获取互联网上的最新信息,并将其反馈给用户。将搜索引擎最新的结果结合到大语言模型中,就形成了一种检索增强的技术。这种技术不仅能有效地提升信息的时效性,还能更好地保证准确性。

另外一个关键点是对话能力。我们之所以称其为"chat",就是因为它具备强大的对话能力。百度在这方面也拥有了更为优化的技术,确保对话的合理性、连贯性和逻辑性。这些技术包括记忆机制,能够保持对话的上下文理解,并进行有效的对话规划,以实现更加智能化的交流。

在"文心一言"3.5版本中,我们进行了一系列的升级和创新,包括基础模型的优化、精调技术的创新、知识点增强、逻辑推理能力的提升以及插件机制的引入。

通过借助飞桨先进的训练技术,我们加快了模型的迭代速度,使得技术模型得到了大幅度的更新。其中,自适用混合变形训练技术以及混合精度计算等都为模型性能的提升作出了重要贡献。

此外,我们还采用了多种策略来优化数据源的选择和数据分布,从而有效地增强和提升了模型的效果和安全性。同时,我们在模型的场景适配能力方面也进行了一系列的提升。例如，我们引入了多类型、多阶段的有监督精调技术，以及多层次、多力度的奖励模型等。

知识点增强是一项非常重要的技术。可以想象写一份报告，我们需要具备基础的写作能力，同时还要事先准备好一些重要的观点和数据等内容。类似地，当大语言模型生成一段文字时，也需要具备基本的语言能力，然后通过知识增强和检索增强的技术，找到关键的知识点，包括用户输入的语言模型，然后将这些知识点组装起来，并一起送入模型，从而使模型能够更好地生成与用户场景和需求相匹配的结果。

为了提升数据推理能力和代码技术，我们还采用了一系列技术，例如逻辑知识建模等方法，这些技术进一步提升了模型的推理能力和数据处理能力。

插件是大语言模型中非常重要的一个机制。一方面，插件可以充分利用大语言模型的能力，使插件的开发变得更优化和更高效；另一方面，插件的结果可以再次送回给大语言模型，从而使大语言模型的生成效果进一步提升。因此，插件成为构建大语言模型生态系统中至关重要的一环。通过插件机制，大语言模型能够与外部组件互相配合，形成更加强大和多样化的应用能力，为用户提供更全面、个性化的服务。

在2023年3月份发布"文心一言"后的1个季度左右的时间里，我们已经成功将模型效果提升了超过50%。训练这样的大型语言模型是资源密集的过程，是非常耗时的，然而我们已经成功将训练速度提高了2倍，从而使训练成本和时间得到了显著的优化。此外,推理速度也得到了显著提升,达到了原来的30倍。

在百度内部,已经有许多智能办公场景在应用,这些场景帮助员工更高效地撰写文档和执行各种任务。另外,在日常沟通中,"文心一言"也发挥了重要作用。例如,在群聊中当收到一段长信息时,它能智能地为你生成简单的摘要,便于迅速了解内容要点。此外,"文心一言"还可以帮助记录会议纪要,为工程师编写代码提供支持,从而提升代码效率等。

接下来我们来看产业模式。

我们都了解机器学习或者大模型产业面临着重大的挑战,例如模型体积庞大、训练难度较高,以及对训练和算力的高要求。那么如何面对这些挑战呢?我们可以类比芯片行业的模式。芯片行业有代工厂,这些代工厂拥有昂贵的设备和生产线,形成了复杂的工业链和供应链。对于一家芯片设计公司,只需将设计方案交给代工厂,代工厂负责生产芯片以及后续流程。我认为大模型的产业模式很可能与芯片代工厂类似。生产大模型的企业需要投入昂贵的算力、数据等资源,然后将大模型平台打造成一个完善的系统。一旦有其他企业需要应用大模型,他们只需提出自己的需求,比如说用少量数据进行微调或场景适配,就可以满足大模型的产业需求。

因此,大模型的产业化路径可以采取封装复杂的模型生产过程,并通过精调和推理部署来有效支持各行各业的应用。

走向智能交互时代：大模型
技术的产业应用与未来展望

何晓冬   **京东集团副总裁、京东探索研究院院长**

20多年来一直从事自然语言处理和语言与视觉多模态智能等人工智能领域的研究，获吴文俊人工智能杰出贡献奖。发表了200多篇论文，被引用4万余次。多次获得ACL杰出论文奖、IEEE SPS最佳论文奖。领导团队聚焦智能技术的前沿突破及智能服务与产品创新，打造了京东"言犀"AI应用平台，大规模赋能政务、医疗、零售、金融等产业，获得2022年度京东集团优秀管理者奖。同时，在华盛顿大学西雅图分校等院校兼任教授。

今天，非常荣幸能在此与各位分享。我将向大家介绍京东是如何推动大模型走向产业和行业的，并对大模型技术未来的发展作展望。

首先，我们知道大模型正在迅速改变众多技术，并引领新一轮科技变革，特别是人机交互技术的变革。回顾计算机发展历程，我们见证了人机交互的多个里程碑，从早期的起步阶段，到键盘主导的交互方式，再到鼠标主导的界面，再进一步走向以触摸为主的自然交互界面。而如今，大模型的出现预示着未来必将进入智能交互时代。在这个时代，人与机器之间将实现更加无缝的交流，通过语言等自然的方式，让机器更好地辅助我们完成更加复杂的任务。

大模型的出现也将重新塑造所有的商业模式。在历史上，每一次人类获取信息和服务方式的变迁都引发了巨大的商业变革。回顾20年前，当互联网还处于门户时代时，我们利用这一技术实现了信息的聚合，从而进入了互联网时代。随后，我们步入了大数据时代，通过搜索引擎和搜索技术精准匹配信息需求。而如今，由于大模型的出现，我们正迈入智能交互时代，人类获取信息和服务的方式再次发生巨大变化。在这个时代，不仅能够满足信息需求，更重要的是AI能够准确理解我们的意图，直接为我们提供所需的答案。从这个角度来看，场景和数据成为训练出优秀的大模型的关键要素。

京东作为一家拥有完整业务链条的企业，涵盖采购、销售、健康、物流、金融、工业品等领域，使我们对行业有更深入的了解，并积累了大量的行业数据。

为了构建大模型，我们必须拥有极其强大的算力。在2021年，京东建立了先进的A100 DGX集群。大模型的训练是一个耗时的过程，2年前我们开始在基础的深度神经学习网络基础之上研发了我们自己的核心技术，名为K-PLUG。由于在大语言模型的重视度和丰富度方面还有所欠缺，我们特地将行业知识输入神经网络中，使我们的模型能够更好地满足行业应用对忠实度和应用度的要求。2022年，我们在多个国际榜单上获得了冠军，2023年我们计划迅速发布千亿级的大模型，并进一步聚焦行业应用。在零售、物流、政务、金融等行业，我们将引入更多的行业知识，更好地满足行业需求并提供优质的服务。

　　大语言模型已经在京东上得到了广泛的使用，我们已经生成了超过30亿次的营销文案，使文字营销文案的生成实现了自动化和智能化，极大地提升了效率。例如，当上线一个新产品时，我们将繁琐的说明书和规格生成一个简洁的文案，让用户能够一下子抓住产品的特性。

　　大模型最终将朝着多模态方向发展，在语音和对话等领域，大模型也被应用于机器人技术。在我们的服务中，除了简单的语义理解和文字生成之外，我们还有大量的工作需要完成。例如，我们需要进一步探索如何真正理解用户的意图，以及如何判断用户是否已经说完话或者在犹豫。通过运用大语言模型进行决策，我们可以提升对话的体验，使其更加流畅和高效。

　　大模型是如何让数字人做到高表现力、高流畅的数字交互的呢？我给大家看一个案例，我的助手是一个虚拟数字人，我本人的形象也是虚拟的。包括对话内容以及各种各样的语气和语音都是虚拟的。经过短短5分钟的形象和数据采集，我们可以重构整个数字人形象，并将其应用于更多的场景，从而解放更多繁重的劳动。例如，电商直播已经在京东上线，并通过数字人进行了展示。

　　不管是在视觉、语言还是云上，我们进一步将大模型赋能引入人类最引以为傲的艺术创作中，使得艺术创作也成为可能。在言犀大模型的艺术方向应用中，我们与今日美术馆携手生成了"塞尚四季"。

　　随着技术的不断突破，尤其是像大模型这样的技术的推进，越来越多的应用场景正迅速打开。以语音对话为例，随着人工智能和人类对话次数的增加，我们可以逐步拓展从简单的一句话通知到回访，甚至营销等更广泛的应用场景。大模型的覆盖范围也将扩大至更多的场景和行业，我们期待有一天大模型能够为整个行业带来更高的效率。

展望未来，我们的目标是通向真正的人工智能。在这条路上，我们坚信多模态技术是必经之路。神经网络和注意力机制的发明都源自对人类学习机制的理解和灵感的启示，从而推动我们创造了一系列模型。新一代的大模型将继续向人类学习，通过多模态的方式获取更多知识和更强的推理能力，逐步迈向真正的AGI（通用人工智能）。

在任何方面，人始终是核心存在，所有的技术最终都要服务于人。未来的人工智能也需要与人类进行交流，通过语言、视觉和语音实现更深入的交互。因此，未来的AI必须具备对语言、语音和多模态的全面理解，以更好地服务人类。最后，我们期望与各位合作伙伴开展科技共创，引领美好的生活。

书生通用大模型体系

乔 宇　　　　上海人工智能实验室教授、主任助理、领军科学家

领导研发了国内首个广泛覆盖多种视觉任务的通用大模型"书生"，标杆任务性能国际领先。发表学术论文300余篇，累计被引4.6万余次，H指数为85。获人工智能旗舰会议AAAI 2021杰出论文奖、世界人工智能大会青年论文奖（通信作者）等。入选国家级人才计划、科技部中青年科技创新领军人才、上海市优秀学术带头人、中国科学院百人计划等。

尊敬的各位领导、各位来宾，大家好，我是来自上海人工智能实验室的乔宇。今天非常荣幸地代表上海人工智能实验室，向大家发布由我们自主研发的全新的书生通用大模型体系。

上海人工智能实验室坚持以原始创新引领技术进步、以开源开放赋能产业生态。实验室与商汤科技等合作，并联合香港中文大学、复旦大学、上海交通大学、清华大学等多所国内顶尖高校，持续开展通用大模型的研发与创新。早在2021年，我们就已发布国内首个广泛覆盖多种视觉任务的通用视觉模型。在2022年举办的2022世界人工智能大会上，我们发布了书生2.0版本模型。书生2.0通过稀疏卷积实现了新的架构创新，可以替代Transformer模型，并在多项视觉任务中性能领先。今天，书生通用大模型体系经过全面演化，在基座模型中包括书生·多模态、书生·浦语、书生·天际3个基础模型。同样，我们也发布了面向人工智能大模型研发与应用的开源体系，包括数据、预训练、微调、部署、模型、评测等方面。

作为由新兴科研机构研发的人工智能大模型体系，书生通用大模型体系有3个特色：第一是原始创新。大模型的技术仍处于高速发展时期，面临许多技术挑战，创新始终是科技发展之源。我们的大模型技术曾获得计算机视觉顶级会议——CVPR2023最佳论文奖，这也是近40年来，首次在计算机视觉三大顶级会议中获最佳论文奖这一殊荣的署名全部为中国学术机构的文章。（根据谷歌学术最新排名榜单，CVPR位列 *Nature*、《新英格兰医学杂志》、*Science* 之后第4名，位列人工智能领域榜单第1名。）

第二是性能卓越。我们选取超130种广泛的任务对模型进行测试，测试结果表明，书生通用大模型体系的整体性能处于世界领先或先进水平。书生通用人工智能通用大模型体系也支持28次在世界级的竞赛及评测中获得冠军。

第三是实验室始终坚持开源开放。我们把书生通用大模型体系全链条向社会进行开放，通过开源开放，广泛地为学术科研以及产业应用赋能。

当前大模型正在由语言大模型向多模态大模型演进，今天首先为大家介绍的是书生·多模态大模型。书生·多模态大模型包含200亿参数，并由80亿多模态样本训练而成，在其中，我们突破了光标指令交互的限制，将光标操作当成一种模态。其次，我们开发了新的、利用语言定义的任务，使得多模态书生大模型能执行可以通过语言描述的任务。再次，以往大模型的微调需要很复杂的算力，于是我们提出了一种新的、轻量级、自适应的微调关键技术。基于以上三点关键技术，书生·多模态大模型实现了开放世界的理解能力、多模态的交互能力以及跨模态的生成能力，可以支持超350万种语义的标签——这意味着书生·多模态大模型全面覆盖开放世界中主要语义的概念和类别，其语义覆盖程度之广远超从前。

以此为基础，我们模型的性能在80多种重要的多模态和视觉任务中取得了领先的成绩，之前这些任务中，获得领先成绩的模型分别有谷歌、微软、OpenAI等机构所研发的通用模型。如果将此比喻成十项全能比赛，那么书生通用大模型体系不仅获得总分冠军，在每一个单项竞赛中也争取第一名。

那么书生·多模态大模型有什么能力呢？我们先看一下，它是如何看图写诗的。这里有一幅知名画家张大千的山水画——《湖山清夏图》，我们将这幅《湖山清夏图》给到书生·多模态大模型识别，并请它根据这幅画写一首七言绝句。

书生·多模态大模型：山峰高耸入云天，云雾缭绕自成烟。忘身物外心自适，静听松涛入画眠。

不知道大家给这首诗打多少分呢？我们可以接着询问它，这首诗你是怎么写出来的？

书生·多模态大模型：首先，根据图片确定描绘的是山水清幽的自然景色画面；其次，从画面中寻找能够表达出诗人思想情感的元素，如山峰高耸、云雾缭绕等；接着可以根据元素构思出诗句；然后根据诗句的韵律和格律进行完善。特别地，诗的第四

请根据画面写一首七言绝句

 书生：
山峰高耸入云天，
云雾缭绕自成烟。
忘身物外心自适，
静听松涛入画眠。

张大千《湖山清夏图》

句借鉴了唐代诗人韦庄的名句"春水碧于天，画船听雨眠"，以此增加诗的韵味。

看来，书生·多模态大模型一出场，就有不错的中国文化水平。

除了作诗以外，不少的朋友可能有编辑图片的需求。无论用什么样的工具，都会感觉麻烦，那我们可不可以用一句话让书生·多模态大模型来创作图片呢？我们有两个案例。假设屏幕中左侧是一张有花的图片，好像有一处斑驳，我们将这张图片拖拽相应区域后只需输入一句指令：在树枝上画几只鸟，它就可以自动补上一只鸟，这样，一幅花鸟图就诞生了。屏幕中右侧是一张自然界的图片，我们通过点击和输入语言指令：请把这个塔替换成埃菲尔铁塔，它就可以很轻松地帮你完成这项操作。在夏天去法国或者巴黎旅行不一定是很好的选择，但是如果你想轻松的"拍"几张打卡照片的话，书生·多模态大模型可以轻松地帮你做到这一点。

语言大模型是这一轮大模型浪潮的主力军，上海人工智能实验室全新的书生·浦语大模型是国内首个正式发布的支持8K语境长度的千亿参数级多语种大模型，这个模型的训练中使用了18 000亿的词牌，约相当于18 000亿的单词，其中包括使用多语种、高质量的语料进行训练，这是什么样的概念？即使是一个人，一生能够看和听的词汇量在10亿左右，而书生·浦语大模型的词汇量相当于人类水平的1 000倍以上。同样，书生·浦语大模型支持8K语境长度，可以一次性阅读8 000个单词。目前书生·浦语大模型所掌握的语种与6月份发布时相比，已拓展到20种语言，支持调用工具，具有更优的对齐、数理推理等能力。

书生·浦语大模型的学科综合应用能力也非常强，我们选取了由加州大学伯克利分校等高校构建的多任务考试评测集MMLU、微软研究院推出的学科考试评测集AGIEval、面向中文语言模型的综合性考试评测集C-Eval、高考题目评测集GaoKao等综合性的考试评测对它进行测试。作为对比，我们选取被大家所熟知的OpenAI的ChatGPT，META发布的、在开源领域著名LLaMA-65B模型进行对比。书生·浦语大模型几乎在所有的评测中全面地超越了LLaMA，在AGIEval、C-Eval以及高考的测试中，书生·浦语大模型明显优于ChatGPT，在两个关于中国高考的评测中，书生·浦语大模型优势明显，说明我们中国做的模型对国内的高考还是具有一定的优势。同样，在涵盖57个学科的MMLU英文多学科评测中，书生·浦语大模型的表现和ChatGPT不相上下。

除了考试之外，书生·浦语大模型的多维能力也非常均衡，包括语言、知识、理解、推理等方面的能力，我们选取了43个经典的任务对书生·浦语大模型进行评测，在43项任务中，书生·浦语大模型几乎在所有任务中的表现都优于LLaMA，在35项任务中的表现超过ChatGPT，这意味着书生·浦语大模型目前的综合能力还是相对亮眼的。

接下来我们考一下书生·浦语大模型，让它用6种语言为2023世界人工智能大会撰写嘉宾欢迎致辞，这对它来说是小菜一碟的任务。那么加一点难度，用现代诗歌的写作手法撰写一篇开幕致辞，结果也可以称得上中规中矩。

书生·浦语大模型的语言生成能力是非常出色的，它能够理解复杂的语境及语法。比如我们给它出一道题，用AABC的形式写几个成语，用写出的成语造句并给出相应的解释，它马上可以写出5个成语，其中特别是最后一个成语——踽踽独行，第一次看到这个成语时以为是它胡编乱造的，结果查询辞典，发现确实有这个成语，它的意思是独立行走、孤独无依。

第二个方面，大的语言模型可以成为一种生成力的工具。比如在日常生活中，经常有制作各种表格、文档的需求。这里我出了一道题目：请用表格的形式统计CVPR会议从2018年至2022年的投稿数、录用数、同比增长率及录用率。一敲回车，一个数据准确的表格就呈现在我们的大屏幕上。这里体现了书生·浦语大模型几个方面的能力：一是通过大数据的学习，记住了关于CVPR录用数这样的知识；二是理解同比增长率、录用率的概念并能准确计算；三是以人类期待的方式快捷输出，例如表格的形式。这些能力都可以成为我们未来生活、学习、工作中的生产工具，帮我们快速提升工作效率。

第三个方面，书生·浦语大模型的推理和数学计算能力也不错。这里我们考它一道计算排列组合的题目：从两位女生、四位男生中选择参加科技比赛的人，要求至少要有一位女生，总共有多少种排列组合的可能？答案是正确的，16 种。它不仅准确地进行回答，还将解题过程描述得非常清晰，便于我们理解。

我们将再进一步提升书生·浦语的数理及推理的能力，希望在未来，它能够成为解决各种复杂数理问题的有效工具。

林达华
上海人工智能实验室教授

上海人工智能实验室领军科学家、香港中文大学信息工程系副教授、香港中文大学交叉学科人工智能研究所所长，于2012年获得麻省理工学院计算机科学博士学位。研究领域涵盖计算机视觉、深度学习、通用大模型等。在人工智能领域顶级会议与期刊发表逾200篇论文，被引用逾3.1万次。主导发起的OpenMMLab，成为深度学习时代最具影响力的视觉算法开源体系之一，还曾多次担任主要国际会议的领域主席以及主要国际期刊编委。

首先非常感谢乔宇教授精彩的介绍，让我们能够感受到书生通用大模型系统带给我们的惊喜。

身处科技变革的时代浪潮中，能够参与并且能为推动浪潮不断前行、贡献自己的力量，让我深感荣幸。大模型时代才刚刚开始，未来还有很长的路要走。正如过去每一次科技革命一样，创新始终是科技浪潮最重要的源动力。但是在新的时代，在大模型的时代，创新者们也面临着重要的挑战。众所周知，大模型的研发是一个需要消耗庞大的数据与算力，投入巨大资源的过程，这里面所需要的资源远远超出很多的科研团队、机构所能承受的范畴。

我始终在思考一个问题，在大模型时代，我们应该如何创新？事实上，在最近两个月里，我们能看到国内外围绕着大模型有非常多令人惊喜的创新成果，比如说LangChain、AutoGPT等，他们在GPT-4、ChatGPT、LLaMA的基础上，创造了很多新的、意想不到的可能性。

回到国内，我们孕育创新、开放的生态，最需要的还是一个公共的、能够支撑到大模型技术创新的基础底座和平台。所以在今天，我非常荣幸能够代表上海人工智能实验室正式发布书生·浦语开源体系，希望通过高质量的开源，助力创新赋能产业。

在书生·浦语开源体系中，最核心的就是书生·浦语开源体系的轻量级版本，它拥有70亿参数，虽然它的模型并不是最大，但是它依然有着非常卓越的性能，对于实际应用来说，它正好处于性能和成本之间很好的平衡点。而且正像乔宇教授介绍的书生·浦语大模型一样，书生·浦语开源体系同样支持8K长度的语境窗口，这使得它在处理长的输入和进行复杂推理中有很强的能力。书生·浦语开源体系是在1万亿的高质量预训练语料上训练出来的，而且更重要的是，我们在这个模型的基础上，引入了通用工具调用能力，大家可以通过编程的方法为模型注入新的能力，让模型结合新注入的能力来解决比如复杂的数学推理问题等语言本身不能解决的问题。

讲到开源，最重要的是开源的质量。我们在将近50项的评测集上面，把要开源的InternLM-7B和现在已经公开的所有同等量级的开源模型进行了性能比较，可以看到，InternLM-7B的性能在绝大部分的评测上面不仅超越了国外最受欢迎的LLaMA-7B，而且全面超越了国内最近的开源非常好的模型，比如说清华和智谱开发的 ChatGLM2 和百川智能开发的百川大模型。

我们把所有的评测结果，归纳为学科综合能力、语言能力、知识能力、理解能力、推理能力5个能力维度。首先看到的是 LLaMA-7B 的开源模型，该模型在知识能力方面表现不错，但是在理解能力、推理能力和学科综合能力方面离理想的水平仍有差距。在过去两个月，国内很多的研究机构及企业推出来的开源模型在多个维度上都分别取得了不错的进展。如果我们把每一个单项评测中国内最好模型的分数画成雷达图，除了知识外的其他维度上，国内都有一个模型在单项上能比较明显地超越 LLaMA-7B。而书生·浦语70亿参数的开源模型，在所有维度上不仅超越了 LLaMA-7B，而且每一单项维度上均超过当前国内的最好的开源模型。

我们要让模型发挥价值，需要它能在真实场景中进行应用。除了模型本身，我们同时开源了全链条的工具体系，涵盖了数据、预训练、微调、部署和评测5大主要环节，希望能充分发挥模型的价值，通过完整工具体系的开源，真正地帮助到创新者们在大模型的基础上进行研发与创新。

接下来我将逐项介绍开源各环节的框架。首先是数据体系，我们在2022世界人工智能大会上已经正式推出了 OpenDataLab 开放数据平台，经过去一年的发展，整个数据平台飞速成长，现在已经涵盖超30个模态、超5 400个数据集，并提供超过1万亿 token 自然语言的语料、60亿图像及其他模态的丰富数据。而且在这些数据集的基础之上，它也提供了一系列访问和使用的工具，包括灵活检索、高速下载、智能标注和高效采集，让人工智能的多模态数据对于创新者而言触手可及。

第二个环节是训练，我们这次开源开放了高效的训练框架——InternLM-Train，这个框架有很强的数据能力。它具有很高的扩展性，可以支持语言模型从8卡到千卡的高效训练，在千卡规模下的加速效率超过90%。通过极致的性能优化，尤其是我们通过原始创新提出的独特的Hybrid Zero技术，能够相比于当前主流的框架提速超过50%，并兼容所有主流的模型格式，做到开箱即用，只要送进数据，就能在基座模型的基础上迅速训练出新的模型。

相较于主流框架的性能，在512卡的设置上，书生·浦语开源体系的训练框架InternLM-Train能够达到每秒钟每个GPU吞吐3 800个token以上，与之相比，主流的框架，如Microsoft和英伟达联合开发的Megatron Turing-NLG框架只能达到1 700个token。而且随着GPU数量增加，InternLM-Train的线性加速依然非常平缓，能够充分发挥大功能集群的性能，而其他的训练框架，包括主流的Megatron Turing-NLG在千卡时，其加速效率已经下降至65%。

在完成模型训练后，下一步就是微调。书生·浦语开源体系提供了完整的全流程微调工具。它支持监督微调，能够让数据和大语言模型形成整体的闭环，并支持通过基于人类反馈的强化学习。而且和其他技术框架一样，我们的强化学习框架还提升了高度优化的强化学习的性能，使得算力可以得到充分的发挥，这是我们书生·浦语开源体系微调体系中最有特色的能力。

传统的语言模型，包括最近的大语言模型，是完全依靠其语言能力回答各种问题的，但是当遇到非常复杂的问题，比如数学推理时，它就无法获得正确的答案。通过微调工具体系，我们支持复杂的符号计算和工具调用，通过可编程的方式引入外部工具，在它不能通过语言获得答案时，它可以通过自己编写程序获得答案，再返回到流程中，形成准确、完整的答案。通过这种可编程的通用工具调用，整个语言模型的能力能得到极大的提升，它不仅能正确地回答基础的问题并完成正常对话，而且能够通过调用工具解决更加复杂的问题。它还支持各种灵活组合的工具调用框架，包括现在非常火的 AutoGPT 等，都可以通过灵活组合的框架，实现迭代调用的流程。

这就是我们整个微调工具体系，包括监督微调，支持基于人类反馈的强化学习，支持通过可编程的方式调用工具并进行数理逻辑的演算，支持通过各种流程调用的形态。

在获得模型之后，它需要为人类提供服务，这就涉及服务的部署环节。我们在开放体系上提供完整的部署框架，它能够实现模型的轻量化。经过量化的框架可以把模型权重大小减至75%，而且能以极致的性能提供推理的服务。在不同的设置下，我们推理框架的性能超越 HuggingFace、DeepSpeed、LLaMA 等主流推理框架。

最后一步，当语言模型需要为人类提供服务时，我们需要先对其性能进行全面评估。当然，现有的语言模型评估是一个非常复杂的体系，需要在不同维度评价其能力。而伴随着书生·浦语开源体系的发布，我们也上线了 OpenCompass——一个面向语言模型的全面、开放、客观的评测体系，这个体系涵盖学科、语言、知识、理解、推理、安全6大维度，50余个数据评测集，30万道评测题目。在这个评测体系中，我们可以对现在国内外最主流、最受欢迎的开源模型进行全面的评价，该评价工具可以实现结果复现，并支持各种丰富的开源模型及API模型。在计算方面，它支持分布式的高效评测，而且具有覆盖完整的维度及多样化的评测方式。

先前，我们介绍了书生通用大模型体系中两个主要的模型，一是书生·多模态大模型，它能够处理图像、视频和文本的数据；二是书生·浦语大模型。作为一款语言模型，它能够生成文本，与人类进行对话。但是，这只是大模型能做到的很小一部分事情。除了处理照片、生成文字，它还能给我们展示一个充满想象的世界。

接下来要介绍的是我们实验室联合香港中文大学和上海市测绘院共同研发的，全球首个城市级NeRF实景三维大模型。在这样一个激动人心的、令人憧憬的技术成果背后，其实有一段非常艰辛的研发历程。NeRF是一项新型的三维光场建模技术，2020年3月由谷歌研究团队首次提出，并且这项工作获得ECCV2020最佳论文提名。最初该项技术被用于类似苹果物体尺寸级别的三维建模，但是我们团队认为，这并不是NeRF技术的全部的潜力和能力。经过一年半的研究与探索，终于在2021年12月10日，我们首次提出了City NeRF，把NeRF光场建模能力从一个小苹果的物体级别拓展到城市级别，它的建筑建模高度超过2万米，这是全球首次把NeRF能力从物体拓展到城市。在我们的成果提出后不久，CMU和谷歌才陆续发布了他们的城市级NeRF技术。

NeRF 只是一项核心的技术，基于这项核心技术，我们不断地提升它的扩展性、灵活性和各项综合能力，于是在今天，我们终于可以向大家呈现书生·天际 LandMark，全球首个 NeRF 三维实景大模型。

书生·天际模型的背后是第二代 CityNeRF 技术的支持，称为 City GridNeRF 技术。它通过网络端与广场端的双支结构，形成了极强的可以横向扩展的结构，使得它的建模能力从原来的几百平方米拓展到几乎无限的距离。再加上算法、系统、算子和交互的全流程端到端的整体设计和优化，最终实现一个由 2 000 亿参数，可以覆盖 100 平方千米的三维实景大模型，并支持在如此广阔的空间里进行 4K 高清，使得实景中的每一处细节都是 4K 高清的建模，渲染效率比过往提升 1 000 倍。而且它不仅仅只是三维重建和三维建模工具，它还有丰富的编辑能力，支持对于建筑的编辑和风格化处理。

书生·天际支持纯高清 4K 区域级的渲染，而且除了渲染之外，它还能动态地调整该区域的光影变化，模拟晴天、阴天等不同的天气环境，同时还能在一块空地上凭空筑起新的高楼，对城市进行灵活的编辑。接下来展现的是它风格化编辑的能力，我们可以看到，上海最具有文化历史价值建筑之一的武康大楼，通过风格化的变换，在屏幕上能够分别呈现出在早晨、黄昏、午夜和秋季的情景。

接下来的这个功能更加炫酷。我们的模型能对上海中华艺术宫的每一个建筑的不同部位进行全面变换，产生出让我们从来没有想象过的生成途径，支持整体的旋转或是不同分层的旋转，这就为未来我们城市级的AIGC提供了技术上的可能性。这就是我们的全球首个千亿级参数NeRF三维实景大模型——书生·天际LanMark。

我们也希望通过新的三维实景生成技术，为未来城市空间注入全新的想象力和创新空间。

所有的这些技术突破与大模型成果，其最终的价值还是为我们的生活和生产创造价值。上海人工智能实验室不仅通过原始创新来进行技术突破，还致力于推动这些技术在具体行业落地，并为各行各业创造价值。

首先是自动驾驶。自动驾驶技术一直被誉为人工智能皇冠上的明珠，也是目前人工智能技术落地最重要的场景，全世界都期待着自动驾驶技术有一天能真正实现全自动，就像大会开幕式上所说的，也许在2023年就会发生，让自动驾驶真正改变我们的生活，改变我们的世界。在过去的研发中，自动驾驶技术拥有几个不同的核心环节，比如感知、预测和规划，这些不同的环节是分开进行研发的，它们相互之间的关系很难通过模型进行捕捉并且提升性能，所以不同的环节很快就遇到研发的天花板。

上海人工智能实验室联合武汉大学和商汤科技，研发了自动驾驶通用大模型UniAD，这是首个感知决策一体化端到端的自动驾驶大模型。这个大模型把最基础的视觉特征的提取和感知、预测、规划环节联合在一起，形成整体的框架，这是全世界首个可以全栈自动驾驶端到端的模型，它具备充分的可解释性和安全性，而且更重要的是，它在原来的每一个任务上都大幅度提升了性能，为进一步靠近并最终实现全自动驾驶的目标迈进了重要的一步。大模型正在助力每一个行业开拓新的时代，而且这项工作成果也得到了学术界的高度认可，在刚刚过去的于温哥华召开的CVPR2023会议上获得了最佳论文奖，这是在计算机视觉领域三大顶级会议CVPR、ICCV和ECCV中，自改革开放以来首篇全部由中国的研究机构研发并获得最佳论文奖的论文，这也是计算机视觉顶级会议第一篇授予自动驾驶领域的最佳论文，大会组委会高度评价了这项工作成果的历史意义，认为它开拓了自动驾驶的全新时代。

在气象方面，我们实验室与上海中心气象台以及多个国内顶尖高校和科研机构，联合推出预报大模型"风乌"，这是历史上首次把有效的中期天气预报的天数提升至10天以上，超过了谷歌DeepMind发布的GraphCast所提出来的9.5天。在过去，天气预报的困难程度可以说是整个科学计算中的皇冠式任务，按照以往的研究经验，每10年能将有效预报的时间提升1天。但是我们的研发团队在半年的时间里就完成将预报的有效天数提升至10天的任务，超越了DeepMind。而且它提供了非常高的训练效率，只需要30秒就能生成未来10天全球高精度的气象预报，比传统模型的速度快了超1 000倍。

在医疗方面，实验室联合众多的顶尖科研机构、高校及医院，推出了医疗多模态基础模型群，并且开源出来称之为"OpenMEDLab浦医"。该基础模型群具有5G的特点，就是开创性（Ground-breaking）、优越性（Greatness）、普适性/泛化性（Generalization）、巨量性（Gigantic）、指导性（Guidance）。我们希望通过这个具有5G特点的医疗多模态基础模型群，能够助力我国医疗智慧化的转型升级。不仅仅是技术突破，我们基于该基础模型群，在实际医疗过程中的落地也已全面展开，我们实验室和广州实验室、上海交通大学、瑞金医院、新华医院、郑州大学第一附属医院等多所科研机构、高校及医院展开了深度合作，将大模型的医疗技术落地到问诊、咨询等各环节，取得了非常好的效果。

最后，大模型不仅可以用于生成和感知，它还能用于决策和控制。《我的世界》是一款在全球范围内非常受欢迎的游戏。这款游戏通过让人进行各种活动来构建不同的物件和建筑，最后获得不同的资源并解锁不同的宝藏，其中，每解锁一个宝藏都需要很复杂的操作才能完成。在2022年6月，OpenAI提出用VPT方法尝试获取《我的世界》中的宝藏，OpenAI选择该游戏作为它决策智能的实验场，是因为他们认为在游戏中的行动能取得成功，代表人类在决策方面有着很高的智慧水平。但遗憾的是，OpenAI在去年提出的模型只解锁了200多个宝藏中的14个，在半年之后DeepMind又进行了尝试，从14个变成16个，不难看出在这款游戏中取得性能的提升是一件非常困难的事情。

既然《我的世界》是一款代表人类智慧水平的高级别游戏，我们的团队也尝试训练AI在其中攻关，在2023年5月25日这个具有历史意义的一天，我们和英伟达同时推出了在这款游戏中的大模型。和我们同一天发布的英伟达的大模型只能解锁63个宝藏，但我们解锁了全部的262个宝藏并结束了这款游戏。OpenAI在一年之前刚开创的新赛道并只能解锁14个宝藏，而我们在一年之后就能解锁了全部的262个宝藏，这代表我们实验室在大模型和决策智能结合方面实现的重大突破，也展现了这个时代中大模型和人工智能飞速发展的特点。

在分享的尾声，我想带大家重温一下今天发布的内容。在今天的发布会上，我们上海人工智能实验室一共发布了3款大模型。书生·多模态大模型，拥有200亿参数，支持理解350万语义标签，在80多种任务中性能水平取得世界领先。书生·浦语大模型，这是国内首个正式发布的千亿参数、支持8K语境长度的语言大模型，在多项任务上超越ChatGPT的性能，而且我们还开源了轻量级的版本，在同量级的比较中达到国际领先。

除此之外，我们把大模型从多模态和语言推广到了一个更广阔的世界，并推出了书生·天际大模型，这是全球首个城市级NeRF模型，有2 000亿参数，可以在100平方千米的范围内进行4K高清建模，为我们的城市空间注入了全新的想象力。而且在此基础上，我们不仅仅只做了技术突破，而且为了助力创新与产业发展，我们开放了多款核心的开源框架。这是全球首个覆盖数据、预训练、微调、部署、评测的全链条的开源体系，希望通过高质量的开源，真正赋能创新、赋能产业。

创想共论·智变可能

徐 立　　　　　　　　**商汤科技董事长兼首席执行官**

全球领先的人工智能平台公司商汤科技联合创始人、首席执行官。在其带领下，商汤科技建立了全球顶级、自主研发的深度学习超算中心，也是亚洲最大的AI研发基地；在智慧城市、智能手机、智慧医疗、无人驾驶等诸多领域的创新成果支撑了行业的AI变革。同时，还促进了商汤科技与高通、本田等的战略合作，推动了超过1 100家客户的人工智能升级。

姚期智

**图灵奖得主、中国科学院院士、
清华大学交叉信息研究院院长**

世界著名计算机科学家，2000 年图灵奖得主，2021 年京
都奖得主。先后任教于麻省理工学院、斯坦福大学、加州
大学伯克利分校、普林斯顿大学，2004 年回国出任清华大
学教授。2005 年创办清华学堂计算机科学实验班（姚班），
2011 年创办清华大学交叉信息研究院及清华大学量子信息
中心。2018—2020 年先后创立南京图灵人工智能研究院、
西安交叉信息核心技术研究院、上海期智研究院，旨在深
化人工智能科技及其成果转化。

潘新钢   南洋理工大学计算机科学与工程学院助理教授

现任南洋理工大学计算机科学与工程学院助理教授。曾于清华大学获得学士学位，于香港中文大学多媒体实验室（MMLAB）获得博士学位，师从汤晓鸥教授。此前，在马克斯普朗克计算机科学研究所从事博士后研究。主要研究方向是生成式AI。

杨植麟   清华大学交叉信息研究院助理教授、Moonshot AI 创始人

本科毕业于清华大学，博士毕业于美国卡内基梅隆大学。曾在 Google Brain 和 Meta AI 从事研究工作。主要研究方向包括自然语言理解与生成、大规模预训练、零样本学习、多模态学习等。其研究成果累计 Google Scholar 引用 18 000 余次，其工作是 NeurIPS 2019 与 ACL 2019 最高引用论文之一，主要研究贡献包括 XLNet、Transformer-XL、HotpotQA、盘古、悟道-文汇、P-Tuning 等。入选福布斯亚洲地区 30 位 30 岁以下商业领袖榜单（30 under 30），获 Nvidia 先锋研究奖、智源青年科学家、世界人工智能大会云帆奖"璀璨明星"等荣誉。

袁 洋 清华大学交叉信息研究院助理教授

清华大学交叉信息学院助理教授。2012年毕业于北京大学计算机系，2018年获得美国康奈尔大学计算机博士学位，师从 Robert Kleinberg 教授。2018—2019年于麻省理工学院大数据科学学院（MIFODS）从事博士后研究。主要研究方向是智能医疗、AI基础理论和应用范畴论。

主持人：

徐　立　商汤科技董事长兼首席执行官

嘉宾：

姚期智　图灵奖获得者、中国科学院院士、清华大学交叉信息研究院院长

潘新钢　南洋理工大学计算机学院与工程学院助理教授

杨植麟　清华大学交叉信息研究院助理教授、Moonshot AI创始人

袁　洋　清华大学交叉信息研究院助理教授

强化学习领域的突破

徐立：我们知道姚期智院士是图灵奖得主，并且在清华大学创办了交叉信息研究院。大模型发展的速度非常快，在当前的发展阶段，是否有您看到的基础理论方面的突破？另外，还请您分享一下基础理论在未来的发展趋势。

姚期智：我们有位年轻的高阳老师，他在一年多以前将一个非常重要的算法作了突破，在国际上受到很多关注。他基本上能够把现在非常主流的强化学习速度加快数百倍。这样的突破对于智能机器人具备视觉、听觉等多种感知能力，并在各种不同的环境中自主学习各种新技能具有重要意义。以往的强化学习，常常需要几个月的时间才能学好新技术，但高阳老师的突破使得强化学习在几个小时内就能实现。因此，在智能机器人未来的发展中，他的工作必定会起到重要作用。

此外，高阳老师的这一突破，不仅在实用问题上有显著贡献，而且在理论层面也有重要意义。在过去的六七年里，人工智能在最高层的思想家之间存在一条路线之争，特别是关于强化学习这条路线是否正确的问题，存在着许多争论。然而，高阳老师教授一年多前的突破似乎使得这个问题的天平倾向了另一边，这条路线对人工智能的完善还有很长的路要走。

值得一提的是，OpenAI的联合创始人不久前将高阳老师的工作视为近年来的亮点之一，可见其重要性。

多模态数据在大模型发展中的重要作用

徐立：我们也期待强化学习在具身人工智能领域取得更大的成就。现在，请问袁洋教授，作为从事大模型研究且在智能医疗方面有着丰富研究经验的您，在大模型的演进和发展过程中，这些交叉学科是否对模型的进一步发展起到了帮助作用？

袁洋：大模型如今受到人们的特别关注，希望能够将其应用于各个交叉领域，实现在实际行业中的应用。我们经常提到的多模态在其中扮演着重要角色，但目前对于多模态的理解可能还有些粗糙，人们通常认为它涵盖了图片、文字、触觉和温度等感知方式。要真正在特定行业中落地，我们还需更加细致地考虑多模态的应用。

举个例子，假设我们仅考虑文本生成图片的情况。当你描述绘制一只狗的时候，模型会生成一张狗的图片，但你可能发现该图片并未呈现你想要的姿态。这时，你可能需要通过鼠标拖动进行调整，这种鼠标拖动方式就是新的模态。用户可以通过更加自由和准确的方式，通过鼠标告知大模型自己想要表达的内容，使其能够更好地理解用户意图。虽然这只是一种鼠标拖动操作，但在应用中，这样的多模态输入显得非常重要。

在更具体的例如医疗、法律、教育等行业，我们并非仅将文本提供给模型，还希望其解决专业问题。我们应该深入研究这些行业，找出其中最核心的问题，并确定解决这些问题所需的数据类型，以实现我们所追求的目标。我称之为模态的补全。在此基础上，我们需要收集充足的数据，并确保模态之间的对齐。通过模态的补全和对齐，我坚信能够赋予大模型更强大的能力，从而解决更为核心的交叉领域问题。

大语言模型应用中的困难与突破方向

徐立： 模态补齐之后对后面的发展有相当大的帮助。杨植麟教授被誉为天才少年，也参与了大语言模型的早期工作。如今，大语言模型的应用非常广泛，但在实际运用中也面临着许多问题，比如幻觉等一系列挑战。因此，我想请您分享一下在大语言模型的实际使用中，可能遇到的困难和挑战，或者在哪些具体方面需要特别注意。

杨植麟： 现在大模型确实存在尚未解决的问题，例如安全性。如何确保它非常可控，避免产生幻觉或编造不存在的问题呢？另外，大模型还不能像科学家一样创造一些新东西，可能在最底层的产品开发方面还存在挑战。

我认为其中一个重要的方向是在思考这些问题时，不仅仅要单点思考，而是要更系统地抽象出共通的问题，从更本质的层面去解决这些问题，因为大模型是通用的，我们希望它在各个方面都能举一反三。因此，更本质的解决方式是进行更规模化、高效压缩的工作，例如采用更好的分布式框架，比如MOE，或者是更好地支持上下文，以实现更优秀的算力分配。通过这样的方法，可以更根本地解决之前提到的人工智能存在的局限性。

DragGAN 与扩散模型在图像生成中的优劣比较与延展性展望

徐立：还是从理论层面上解决。今天我们的圆桌背景都是用算法生成的，潘新钢教授的 DragGAN 文章备受关注，能够轻松制作内容。向潘教授请教，在算法 DragGAN 使用 GAN 和扩散模型之间的选择上，您认为有哪些优劣之处？而在这之后生成内容的时候，哪些方向可以有更强的延展性？

潘新钢：GAN 和扩散模型目前是图像生成的两个主要生成模型，近期，扩散模型显然有盖过 GAN 的势头。它们在生成模型的框架以及优化目标上存在 3 个主要差异。

第一，它们在性能与效率方面存在显著差异。扩散模型在生成过程中需要更大的算力，导致迭代计算所需要的时间和训练时间明显高于 GAN。尽管如此，更大的计算开销也带来了更高质量和多样性的图像生成能力，扩散模型所生成的图像不会受限于 GAN 存在的问题。因此，在性能允许的情况下，扩散模型在真实性和多样性方面的表现优于 GAN，其应用前景更为广阔。然而，在某些特定场合，如果对性能或计算开销有限制，GAN 仍然可能是一种妥协的选择。

第二，Latent Space（隐空间）的差异。在 GAN 中，我们将 Compact Latent Vector（紧凑的潜在向量）映射到图像，而扩散模型则是将与图像分辨率相同的逐渐去噪的图像映射。在实践中，扩散模型对图像内容的影响常表现得较为随机，缺乏结构化的特性。相比之下，GAN更注重高维数据的维度，因此能够有效地编辑图像中的属性，例如动物的姿势。这也是我们选择将GAN作为编辑方式的第一个生成模型的原因。但是我相信未来如何拓展扩散模型也是一个非常值得探索的问题。

第三，它们生成图像空间的连续性。在设计过程中，扩散模型的图像空间显示出较为不连续的特点，而GAN的图像空间则非常连续和自然。因此，在使用扩散模型进行编辑时，常常会观察到图像出现跳变的情况，而GAN则呈现出较为流畅的效果，犹如动画。这也是GAN的一个优势所在。未来如何将这两个模型的优势相互融合，将是一个非常有趣的研究问题。

大语言模型未来的应用前景

徐立：GAN在前端或者连续视频上有优势，而扩散模型在性能方面更为突出。希望能够找到一个更好的结合，以发挥它们在不同领域的优势。在此，再问最后一个问题：大语言模型未来可能在哪个垂直领域取得更大的突破和应用？

姚期智：可以预见，随着大语言模型的发展，许多文书工作将可以由这些机器来完成，这是一个明确的应用方向。

袁洋：我认为医疗领域可能是大语言模型接下来更值得关注的方向，这不仅仅因为我本身从事智能医疗研究。另一个原因是大模型基于预训练的范式，而预训练的本质是数据，涉及数据之间的关系。在医疗领域，存在大量复杂的关系，例如患者与症状之间的关系，以及药物与其效果之间的关系。这些关系可能很难被人类充分理解，而大模型有可能在这方面表现得更加优异，因此我较为看好在医疗领域应用大语言模型。

杨植麟：我认为一个非常重要的场景是 AI 未来可能会拥有类似于人类的共同的记忆。例如，目前使用 AI 仍然需要每天重新灌输信息，为其提供上下文。但是，最近有一些产品可以通过录屏的方式，将人类所看到的所有东西传递给 AI，这为个人使用 AI 带来了非常广阔的想象空间。

潘新钢：我从事视觉生成方面的研究，目前图像生成已经取得了显著进展。未来，视频和三维内容生成有着非常广阔的前景，它将有助于设计师、艺术家、动画制作者以及影视特效师更高效地创作出更好的、更高质量的作品。

拓展"生成"机遇,"智联"产业创新

侯 阳

微软全球资深副总裁、
微软大中华区董事长兼首席执行官

成功的创新变革型企业领袖,在科技行业的生态合作伙伴建设和本地市场战略洞察等方面具有远见卓识。作为一位进取型的商业领袖,在商业运营、产品优化、市场销售,以及合作伙伴与客户关系等方面有着独到的成功经验。同时,善于通过战略思考与高效执行的平衡,推动业务的大幅增长。

2021年3月加入微软,领导微软在大中华区开展战略规划、销售和市场运营,并确保其始终是微软全球最具创新和成长活力的市场之一。

　　今年世界人工智能大会的主题是"智联世界，生成未来"。在这里，我希望借此机会与各位分享微软在拓展生成式人工智能的生态创新，以及加速推进产业智联的过程中收获的一些经验和思考。

　　人工智能作为科研项目，最早出现在1956年，至今已经发展了将近70年。随着去年年底ChatGPT的一夜爆红让大模型和AIGC（生成式人工智能）仿佛在瞬间爆发，甚至很多科技行业的从业者都对AIGC的突然涌现感到惊诧不已。然而在微软看来，所谓的涌现绝非偶然，而是无数优秀的科研人员几十年如一日的研究基础以及海量计算资源的投入，共同造就了这样的创新成果。

　　在谈到OpenAI ChatGPT的突破时，其所依赖的基础架构和算力支持，正是来自微软智能云。自2019年开始，微软与OpenAI展开了深度合作，为OpenAI的大语言模型研究提供了海量的云计算资源。双方的战略合作基于共同的愿望，即创造出能够造福每家企业和每一位消费者的人工智能技术。

在今年1月的达沃斯世界经济论坛上，微软的首席执行官提到，人工智能的黄金时代已经到来，微软智能云也由此开启了加速上新的模式。我们将最新的AI智能技术与企业级的云服务全面融合，从而赋能广大企业在产业数字化转型进程中实现真正的数智融合。

为此，我们推出了Azure OpenAI企业版服务，其中包括GPT4和企业级ChatGPT在内的五大模型，以支持客户创造不同产业需要的定制化智能服务。同时，我们围绕Microsoft 365办公、Dynamics 365商业应用、GitHub开源社区开发、数字信息安全保护、人工体验提升Windows操作系统，推出了一系列由AI驱动的Copilot"智能副驾"服务。

通过这些服务，用户可以用自然语言提出需求，Copilot便能高效地完成一系列任务。比如快速编写代码开发应用程序，或者根据演讲的提纲要点设计出图文并茂的PPT演示稿。

刚才我举例的这些场景并非凭空虚构，它们是微软内已经实践的现实工作场景。例如备受关注的Azure OpenAI企业级服务，自上线几个月以来，已经得到了超过全球4 500家企业的认可，并在制造、零售、金融服务等多行业的生产环境中实践智能化创新。另外，用于辅助编程的GitHub Copilot自推出一年半以来，已经有全球100多万开发者在使用，其中将近一半的代码由Copilot帮助完成，编程的速度也提升了50%以上。

在全球客户中，微软人工智能服务的这些积极尝试当中，我们不仅看到了企业加速数字化转型的创新热情，更感受到了市场对新一代生成式人工智能的迫切需求。因此，微软也在持续加大投入，全力推进生成式人工智能的发展和普及。

在今年5月举办的微软全球开发者大会上，微软连续发布了超过50项与生成式人工智能相关的新技术和新服务。其中最重要的一项是向全球开发者开放了Copilot智能副驾与Plugins插件扩展体系。通过这一举措，全球的开发者、合作伙伴和企业用户都能够抓住生成式人工智能带来的创新机遇，创造出前所未有的新一代的智能应用。

Plugins插件扩展体系采用与OpenAI相同的技术标准，它能够在第三方应用、客户应用场景和生成式人工智能之间构建起安全可靠的连接。通过Plugins接入实时更新的信息流以及多种多样的应用和服务，可以为AI系统添加更具专业性的计算能力，创造出种类更丰富、使用更便捷、信息更准确的"智能副驾"式的对话服务。预计到微软Microsoft 365 Copilot正式发布的时候，我们将提供超过1 000种Plugins插件供开发者选择。更加值得期待的是，全球的开发者和合作伙伴将有能力自主运用这些插件接口和智能服务，开发出更多更丰富的独树一帜的"智能副驾"式的创新应用。

毫无疑问，这些基于自然语言对话的新一代的智能交互应用，将为我们开启一个更加精彩纷呈的数字世界。

微软坚信，未来任何一家公司都需要具备驾驭数字技术的能力。我们已经看到，随着生成式人工智能不断展现出的巨大潜力，每一家公司的每一个应用程序都将由人工智能来驱动。人工智能的技术突破也为各行各业带来了千载难逢的创新机遇和挑战，这促使我们反思如何用它来提升企业自身的创造力和竞争力。

在实现技术突破的同时，微软不仅注重研究成果，更在思考如何将其转化为生产力。我们致力于将生成式人工智能与产业的需求相结合，加速产业的升级和创新。

我在这里展示的是根据近期全球客户的产业智能化解决方案，总结出了六个重点的行业应用人工智能的创新化场景，其中包括优化制造与能源行业的供应链韧性、普及预测性维护、提升智能驾驶的体验，革新零售电商的智能客服，实现互动式搜索，以及在游戏中构建栩栩如生的NPC角色，生成无限的剧情和拟真的对白。

在金融行业，我们可以随时获取金融市场实时行情的分析报告，从而更早地发现、更快地管控潜在的金融交易风险。同时，在生命科学研究领域，我们也可以提升临床试验数据的分析能力，加速药品和疫苗的研究，实现更精准的医疗影像识别和诊断。此外，在教育领域，我们为学生带来更具启发性、交互性、定制化，并且不受地域限制的探索式的学习方式，帮助培养更适应未来市场需求、具备创造力和终身学习能力的人才。

随着生成式人工智能不断加速产业融合，相信在今后的几个月将会有更多丰富多彩、充满想象力的应用场景不断涌现。在人工智能加速发展的过程中，不可避免地会出现人们对潜在的安全风险的担忧。微软一直倡导并严格恪守打造负责任的人工智能六大原则，始终以严格遵守与数据隐私、安全合规相关的各项要求。同时，我们也积极地倡导全球科技企业通过交流合作，形成产业共识，确保我们所开发的人工智能技术能够负责任地造福全人类。

面对新一轮的技术变革带来的巨大创新机遇，微软在中国愿意从自身的技术和优势资源出发，深耕中国的本土生态系统。我们与全国各地各行各业的企业、组织和合作伙伴持续地拓展技术交流和业务合作，不断发掘数字化智能在各个产业中的应用潜力，真正推进各行业的智能化创新与数字化转型，为实现智能化发展贡献我们最积极的力量。

人工智能的黄金时代已经到来，微软也将在这个黄金时代中持续努力，充分发掘科技潜能，为全球的每个个人和每个组织带来卓越的成就。

中国与国际人工智能联合会的紧密合作与展望

克里斯蒂安·贝西埃
(Christian Bessiere)

国际人工智能联合会议（IJCAI）
2021—2023理事长、法国国家科学
研究中心（CNRS）研究主任

1992年获得计算机科学博士学位。现任法国国家科学研究中心研究主任。曾于2007—2010年担任蒙彼利埃大学计算机科学、机器人及微电子实验室（LIRMM）计算机科学系副主任。2006年当选欧洲人工智能协会会员。

　　大家好！我是克里斯蒂安·贝西埃，来自法国国家研究院。我非常高兴，也深感荣幸能够参加2023世界人工智能大会的开幕式，并对主办方的邀请表示衷心感谢。同时，我还有幸担任国际人工智能联合会的理事长，该组织主办的国际人工智能联合会议（IJCAI）是一个涵盖人工智能多方面研究的重要国际会议。

　　中国与国际人工智能联合会已经建立了密切的合作关系。中国是提交人工智能论文最多的国家之一，我们对此感到非常高兴。这种合作促进了IJCAI与中国人工智能社区之间的深入合作。上海人工智能行业协会与IJCAI签署了合作协议，并共同成立了IJCAI中国联合办公室。在这个合作办公室的推动下，我们还举办了一系列相关论坛和活动。

　　中国未来的研究人员将有机会向我们展示他们的科研成果。我们的论坛吸引了众多专家来到上海，介绍人工智能科技发展的最新进展，并建立合作关系。国际人工智能联合会的理事会也提出了多项倡议，并积极参与中国人工智能的发展。国际人工智能联合会与上海以及上海人工智能协会之间形成了紧密的合作关系。

值得一提的是，2024年7月，我们将在上海举办环太平洋国际人工智能会议，这是第2次在中国大陆举办，上一次是10年前的北京会议。届时，我们将收到4 000～6 000份论文投稿，涵盖计算机人工智能、算法创新等新领域。近期，我们致力于研究人工智能如何更好地为人类服务，对此将组织各种研讨会，讨论当前相关趋势以及新型商业模式和方法。此外，我们还将举办机器人竞赛和各种展览活动。许多公司也会参与我们的联合会，展示他们的产品，并希望与未来人工智能精英互动交流。

2023世界人工智能大会举办得非常圆满。此次议程非常丰富，涵盖了众多议题，这得益于主办方的精心准备。我深信本次会议一定会取得巨大成功。并希望能在2024上海环太平洋国际人工智能会议中再次与大家相聚，在此，我们期待2024年的会议在中国成功召开，相信这将开启我们合作的新篇章。

WAIC

技术探索，发展策源

行业大模型开启产业升级"黄金时代"

汤道生 　　　　　　　　　　**腾讯集团高级执行副总裁、
　　　　　　　　　　　　　　云与智慧产业事业群首席执行官**

■ 美国密歇根大学计算机工程学士学位、斯坦福大学电子工
程硕士学位。2018年以来,带领腾讯云与智慧产业事业群,
推进公司在云与智慧产业互联网的战略规划与发展,同时
联合分管广告营销服务。
秉承"用户为本,科技向善"的愿景使命,带领云与智慧
产业事业群团队锐意创新,以前瞻性的技术和专业能力,
持续深耕于交通、零售、医疗、教育、金融、工业等行业,
助力各行各业加速数字化转型升级。

尊敬的各位嘉宾以及各位媒体的朋友，大家下午好！

非常高兴参加世界人工智能大会。今天，我有幸站在这里，向各位专家陈述我的观点，同时也诚恳地请各位给予指正和建议。

腾讯公司参加世界人工智能大会已经整整5年了。在这5年间，我们积极参与并见证了上海作为人工智能高地的建设。腾讯在青浦的数据中心和松江的超算中心已经累计投产了数万台服务器。同时，我们在上海设立了一个AI实验室，在全球范围内获得了超过1600项专利。科恩安全实验室也设立在上海，其在AI安全领域的成就达到了国际领先水平，被誉为中国网络安全的"梦之队"。

在过去的5年里，腾讯公司的人工智能技术和产品得到了广泛应用，深耕于各行各业。我们的数字人工智能已经在130多个行业中担任金融客服、虚拟主播等角色，为用户提供个性化的服务。此外，我们的工业AI质检技术已经成功应用于多个制造业产线，持续提高产品的良品率，帮助企业降本增效。另外，我们还运用AI游戏引擎以及南航自研虚像显示技术，生成虚拟飞行环境，为民航飞行员提供高效且安全的飞行训练。

在过去几个月里，机器学习与生成式人工智能的迅猛发展使其拥有了强大的语言理解能力和推理能力。它们能够根据给定的题词生成完整的段落，精美的图片、视频，甚至是代码，让人工智能成为更强大的个人助手。许多企业对这一技术的发展感到兴奋，同时也感到焦虑，急切地希望拥抱这些技术，提升生产力、经营效率和管理水平。然而，事实上，虽然通用大模型非常强大，但并不能解决许多企业面临的具体问题。例如，大模型在产业场景中是否真正可靠且可用，如何有效保护企业的数据、产权和隐私，以及如何降低大模型的使用成本，这些都是企业需要面对的现实问题。

在面对持续变化的企业需求和市场情况时，构建专属的行业大模型可能是更为优选的方案。企业可以借助高校和专业工具的支持，不断优化迭代模型，以确保其适应企业需求的持续变化。

首先，行业大模型能够更高效地为用户提供精准的服务。通用大模型通常基于广泛的公开文献与网络信息进行训练，其中的信息可能存在错误、谣言和偏见。同时，许多专业领域的知识和行业数据积累有限，导致通用大模型在回答特定行业问题时缺乏针对性和精准度，输出的信息相对较为广泛。虽然通用大模型整体水平在不断提升，但在策略上却像是把大海煮沸，缺乏聚焦性。虽然通用大模型可以在许多场景中解决80%的问题，但未必能完全满足企业某个场景的具体需求。对于企业提供的专业服务，用户要求高、容错性低，因为一旦企业向公众提供错误信息，可能会引发巨大的法律责任或信任危机。因此，我认为每家企业都可以基于专业知识与数据训练行业大模型，并结合企业自身的知识库数据进行精调，构建独有的专属模型，从而更高效地提供符合场景需求的智能服务。同时，基于行业大模型的企业专属模型，其模型参数相对较少，训练和推理的成本更低，模型的优化也更为容易。

其次，借助专属模型可以保护企业数据安全。数据是大模型的原材料，模型最终要在真实场景中落地，实现理想的服务效果，通常需要使用企业自身的数据。这个过程中，若数据保护不当，可能会导致企业核心数据和敏感数据的泄露。行业大模型与模型开发工具可以通过私有化的部署等方式，确保模型训练的安全性，也可以避免员工在访问模型时意外泄露企业敏感数据。如果模型服务面向用户，用户的反馈数据也可以优化专属模型，不断迭代提升服务体验。

再次，借助高效率的平台开发工具，实现模型快速、低成本的持续优化。模型在产业中的落地是一个复杂的系统化工程，需要经过数据的处理、算法的构建、模型部署等一系列环节，每个环节都不能掉链子。

同时，企业模型的应用也不是一次性部署完就结束了，还需要在使用中不断根据新的数据进行调整，让模型跟上不断变化的市场与用户需求。在这个过程中，需要有效地管理大量的数据与标签，并不断测试与迭代模型，这就需要系统化、工程化工具来保障模型的持续运行。

基于这些企业所面临的现实问题和需求的思考，我们正式公布了腾讯MaaS服务全景图，为金融、文旅、传媒、教育等10个行业提供了超过50个解决方案。在这些能力模型的基础上，只需要加入自己独有的场景数据就可以快速生成属于自己的专属模型。通过模型的私有化部署、权限管控、数据加密等方式，帮助企业用户在使用模型时保护好自身的数据，让大家更加安心。

我们也推出了基于腾讯云TI平台的行业精调方案，提供一站式解决模型的调用、数据与标签使用，从而减轻创建大模型的压力。例如，我们与国内的头部在线旅游公司合作，基于文旅大模型打造了机器人客服。当用户咨询假期行程时，通用大模型的回答可能只能给出简单笼统的景点介绍，而通过行业大模型加入专业企业数据进行模型精调后，客服机器人的回答就变得更加精准、详细，能够规划交通、景点、酒店的安排，甚至直接提供预订的链接和优惠券等信息。这样的个性化服务不仅提高了用户体验，还增强了销售转化能力，满足了企业的实际需求。

此外，我们也将行业大模型能力融入腾讯自身的企业级应用，以提供更智能的服务，帮助客户提高工作效率。例如，我们推出了新一代的腾讯企点智能客服，通过行业模型的精调，实现更加人性化的用户体验。同时，借助企点分析平台，销售人员可以用自然语言进行提问，从而实现准确的商业分析，无需花费大量时间学习复杂的软件或制作看板。

我们的数智人也融入了AI生成算法，以提升数字形象的复刻速度。现在，只需要录制3分钟的真人口播视频，借助平台的多模态处理能力，就可以实时建模并生成高清人像。这使得在24小时内制作出与真人近似的数智人成为可能，同时也大大降低了成本。

各位嘉宾，随着大语言模型的发展，我们正朝着智能化的方向前进。在这一过程中，我们始终坚信，人工智能发展的根本目标是为产业服务，满足用户需求。腾讯也将与各方携手，以优质的模型和强大的算力，让每个企业的宝贵数据发挥出高效作用，助力产业创新发展。

谢谢大家！

开放推动创新——
以Stable Diffusion为例

伊马德·莫斯塔克
(Emad Mostaque)

Stability AI 创始人兼首席执行官

致力于通过人工智能建立激发人类潜能的基础。曾领导多个与多边机构和政府合作的技术项目，并担任过对冲基金经理和自闭症研究员。

大家好，我是Stability AI的首席执行官伊马德·莫斯塔克。Stability AI是一家总部位于英国的公司，在全球设有办事处，我们的使命是构建为全世界公民服务的人工智能，而且每个人都可以参与其中。我们专注于开源人工智能，并希望每个人都可以使用。

我们因为Stable Diffusion模型而闻名，这是世界上最先进的图像生成模型之一。我们还创建了大规模语言模型、代码模型、蛋白质折叠模型等，我们坚信这些模型将成为激发人类潜力的基石，这也是我们的使命。因此，每个人不必使用统一封闭的人工智能，而是可以拥有开放和属于自己的人工智能，这种人工智能能够反映您的公司、文化和您自己。

这非常重要，因为生成式AI与传统的人工智能有些不同。传统的人工智能需要大量的数据，然后用于广告定向或者预测下一步等。我们创建的人工智能模型将大量信息压缩成一组原则，从而使我们能够讲更有意义的故事。

以Stable Diffusion为例，我们通过世界上最大的超级计算机之一对它进行了训练。使用了100 000 GB的图像，并将其压缩成2 GB的文件。只要您输入文字，它就可以创造出您能够想象的任何东西。我们今天看到的语言模型包含数万亿字，但仅有几个GB。

我们认为，随着人们不断地使用这些模型，创新的进程将因开放而加速，这点可以在Stable Diffusion看到，用了3个月之后，开发者的兴趣用GitHub Star来评价的话，超过了比特币和以太坊的总和，而比特币和以太坊用了10年才达到这个水平，整个生态系统已超过了Linux和其他优秀开源项目的发展速度。

这是为什么呢？因为这些模型足够好、足够快和足够便宜，甚至在MacBook上也可以运行，您不需要用超级计算机或巨大的数据中心来使用这些模型，虽然创建这些模型需要这样的超级设备。这就是我们与来自世界各地最杰出的团队和社区一起建造这些巨型计算机的原因。

社区是我们的核心，我们的社区有超过30万人，项目范围包括从关于音乐的Harmonai到医学的OpenBioML。我们是开放科学、学术界等领域最大的资助提供者之一，以促进这些模型的创建，然后每个人都可以使用。我们所见到的围绕Stable Diffusion、LLaMA和其他模型的创新将会继续发展，而且会让一个以全世界人民为群体的社会更加的安全和稳定。世界的基础设施运行在

Linux上，运行在MySQL上，因为它们都是开放和透明的。因为您不希望一个单一中心化的来源来控制这项技术，无论它是来自美国还是来自其他国家，您可以让它反映您自己的本地文化。

例如我们在日本的开发人员创建了一个日本版的Stable Diffusion，他们改变了语言以反映日本的偏好。我们也看到BAAI和其他人创建了AltDiffusion系列和其他多语言版，再次反映了不同的文化。

我认为，如果我们拥有的每种模态都能有反映不同文化的模型，反映我们的多元化社会，那将是一件非常积极的事情。如果它们是开放的，任何人都可以在其基础上进行扩展，它们将变得更加高效、安全，我们将找出其中的问题并加以解决，然后我们将扩展它们，因为这实际上是我们思想的基础设施，如果您没有拥有自己的模型，那您如何拥有自己的思想呢？当然，还会有一些令人惊叹的封闭模型，我们看到一些顶级公司在这方面取得了成功。未来我们的数据会演化成封闭模型和个性化模型的智能混合体。

我认为，标准化是Stability应该做的事情。在每个模态，在每个垂类场景，您都能使用Stability世界一流的模型，同时和大家一起创建国家数据集。我们还能把Stability的模型带到各种文化中，逐渐把这项科技带给全世界。我们迫不及待地想看到您将创造什么，因为我们有音频、视频、3D、语言等模型，真正让每个人讲述自己的故事，也让世界更有创造力和更快乐。

谢谢大家，也感谢世界人工智能大会。

推动人工智能发展的引擎——
GPU 高性能计算

苏姿丰   **AMD 董事会主席及首席执行官**

AMD 董事会主席及首席执行官。在其带领下，AMD 成功
转型成为高性能和自适应计算领域的领先企业，同时也是
全球发展最快的半导体公司之一。

人工智能将改变我们所从事的每一个行业，我们实际上做的是提供计算引擎，允许你并让你能够在业务和产品各个环节中都可以应用AI。这是一个投身计算行业的好时候，这是一个你能看到将涌现大量的新增计算需求的领域。

人工智能的一个有趣之处在于，我们会在业务流程和产品流程的各个方面看到人工智能的存在，所以你将会需要各种计算引擎。从云端开始使用大型GPU和GPU集群来训练这些大型语言模型，特别是围绕生成式人工智能一路走到边缘，甚至走入你的客户端设备，如你的手机、台式机、边缘设备，而这将涉及使用不同类型的计算，你可以从这个维度真实地看到CPU。所以我想我们的理念是为正确的任务提供正确的引擎。

未来10年一定会出现大型计算机的超级周期，因此，目前是一个成为技术供应商的好时机。同时，也是与一些将会利用这些技术开发不同应用的客户合作的好时机。我们最终的理念就是：驱动正确的计算引擎，构建一个强大的软件生态系统，最终真正助力顾客实现业务成功。

我要说，这是一个令人难以置信的、激动人心的时刻，目前技术的采用速度比我以前见过的都快，而正是因为这些技术的价值极高，如果你没有领先，那么你实际上就已经落后了。你可以看到，基本上每个层面的科研都受到你所拥有的计算能力的影响，不论是医学研究、气候研究还是能源研究，你采用的人工智能的程度越深，所有这些领域的研究就越能得到显著加速。我个人对医疗卫生的前景非常期待，我认为医疗保健是我们能找出的AI能真正影响人类结果的一个领域，帮助医生做出更好的诊断，加速疾病预防研究，所有这些都可以通过人工智能来显著提速。

回到我们自己的主场。我们正在开发最先进的芯片，这个领域是开发下一代CPU和GPU，通过在芯片开发中使用人工智能，我们可以实现更少的人力、更强的开发实力和更快的开发速度。你再看看我们携带的设备，你会在手机上的各个方面看到人工智能，也会在客户设备中看到人工智能，我的想法是，尽管存在这些惊人的、超级庞大的全球模型，大家已经看到类似于ChatGPT这样的东西，然而对于我们这些做企业的人来说，我们大概会想拥有我们的私人空间，在那里，我们可以查看我们的私人数据，因此，这也是这个问题的另一个方面。

与客户合作时，帮助他们采纳技术是一方面，但同时也要摸清楚，我们如何看待所有知识产权以及与之相关的保密性有关的事宜，这是一个迷人的领域，我要说我们仍处于非常早期的阶段，我认为这个阶段的关键不同就在于事情发展的速度太快了，所以各个行业都在进行大量的试验，让这个发展过程变得非常有趣，绝对会有诸如人工智能主导的芯片设计师这样的设定。

我认为对下一代来说，跨学科可能是未来所有工作最需要关注的事情，仅仅成为某种领域，比如硬件深度设计的专家是不够的，你必须真正了解硬件如何与软件和算法结合在一起，因为这将有助于你更好地设计硬件，而我们一直想表达的是，最有价值的工程师是那些能够真正跨越端到端、能够去思考系统的使用方式、去思考客户的部署方式，以及应用会是什么样的工程师，因为这将帮助你更好地设计产品，所以我认为跨学科很有吸引力，也非常重要，我认为这在很大程度上也是一种学习文化。

实际上，你在学校学习，然后在接下来20年里练习你学到的东西的时代已经过去了，你现在要去学校学习的是如何思考、如何学会解决问题，然后，每两年你要解决一个不同的问题，这就是我们今天所处的不同的世界。

5G赋能智能互联的未来

吉姆 · 凯西
(Jim Cathey)

高通技术公司首席商务官

获得博伊西州立大学市场营销工商管理学士学位。于2006
年加入高通公司，现任高通技术公司首席商务官，负责统
筹整个公司的全球销售、客户管理、战略合作伙伴关系与
业务拓展、销售运营及客户支持。在担任首席商务官之前，
曾担任高通技术公司高级副总裁兼全球业务总裁，全面负
责全球所有区域市场的业务活动。
拥有17项专利，并担任美国无线通信和互联网协会(CTIA)
董事会成员及圣迭戈港警察基金会董事会成员。

　　我们正在快速迈向一个人与万物智能互联的世界。高能效处理、分布式智能和网络边缘侧连接的融合正在推动这一趋势，数十亿智能终端能够实时连接至云端，也可以互相连接。智能终端将能够感知、传感、直观地行动，并且更加自主地运行。这一趋势正赋能全新服务、商业模式和体验，助力行业数字化变革，并改变了人们工作、生活、沟通和联系的方式。

　　5G 对于一个更加智能的世界至关重要。凭借着卓越的性能、可靠性和容量，5G 正在向智能手机之外的更多领域扩展，实现万物互联，成为数字经济的关键基础设施。同时，5G 还助力 AI 扩展至更多的边缘侧终端，不仅推动了智能的规模化扩展，还能够在边缘侧生成的情境相关数据与云端近乎实时地共享。为加速 5G 终端和网络在中国的发展，我们携手中国合作伙伴建立了5G联合创新中心，我们也正在开展毫米波技术方面的合作，这一技术是发挥和实现5G终端、网络和服务全部潜力与价值的关键。

在智能手机领域，5G和AI的结合是现代智能手机体验的基础。让用户能够播放和分享8K视频、利用实时语义分割拍摄专业级照片和视频、和朋友畅玩极具沉浸感的多人游戏、在激烈的对战中尽享乐趣。5G和AI的结合也正在增强语音识别和自然语言处理的准确性，从而提高语音助手的性能。这些关于技术赋能非凡体验的想象仅仅是一个开始。

除了智能手机之外，连接和智能正在开启工业创新和数字化的新时代。智能传感器、机器人、摄像头和自动导引运输车的使用，正在推动向工业4.0的过渡，而所有这些都通过稳健、可靠、低时延的5G专网实现连接。这将提升自动化和控制能力、自我优化能力和数字孪生的使用等。企业还能够实时收集和分析海量数据，帮助提高商业智能。此外，5G和AI还将支持企业更高效地利用能源和自然资源，帮助实现可持续发展目标，可能性是无限的。

在汽车领域，随着5G和AI加速行业数字化，未来，汽车正快速成为"车轮上的联网计算机"。这将助力向软件定义汽车演进，赋能更丰富、更安全的体验和更高的自主性，并引入全新数字服务。在车内，我们将看到面向驾乘人员的更加个性化的座舱设置和内容，以满足用户将数字化生活方式引入汽车的期待。通过5G赋能的OTA升级功能，这些体验可在汽车整个生命周期中持续升级。不仅如此，借助蜂窝车联网（C-V2X）技术，汽车将能够与周围环境通信，包括与其他车辆通信，进一步增强安全性和便利性。

这些技术也将成为在欠发达地区加强经济和社会发展的强大平台，助力获得医疗资源和服务的机会，包括远程医疗和远程监控服务。这些技术还能提供更多的教育机会，让学生全天随时都能学习，并根据学生的学习模式和进度提供更加个性化的学习体验，这些技术还将促进全新的就业、商业和创业机会，改善民生和韧性。我们必须同心协力，确保这些技术能够惠及每个人，无论其社会经济地位如何。

5G推动创新和丰富生活的机会让我们倍感兴奋，其潜能将远超人们的想象。通过持续创新和研发投入，高通将致力于突破边界，为全球合作伙伴提供完整的5G解决方案，加速开启智能互联的未来。

生成式人工智能和机器人技术：用于药物发现、生物标志物开发和老龄化研究

亚历克斯·扎沃龙科夫
(Alex Zhavoronkov)　　　　**英矽智能创始人兼首席执行官**

拥有生物医药和计算机技术领域的复合背景，2014年率先将生成式人工智能应用于药物发现并创立英矽智能。2019年入选"全球药物发现和先进医疗领域100名AI领导者"。2022年入选科睿唯安"全球高被引科学家"名单。

尊敬的各位，大家好！我是亚历克斯·扎沃龙科夫。

请大家思考一个问题，生活中对你来说最重要的是什么？是钱？漂亮的照片？优质的电影？还是确保产品从点A顺利运送到点B？或者是其他更重要的事情？对我来说，最重要的是人的生命，因为我们所拥有的唯一的货币就是时间，它也是最宝贵的财富。时间，无论你创造多少经济增长，都无法转化成时间。一旦我们生病，例如癌症、帕金森病或其他疾病，一切财富都会失去意义。另外，我们还面临生命中的其他生物过程，例如变老。我们的能力逐渐减弱，直到最后一刻，我们最终失去一切。因此，没有任何一种影响比AI对人的健康、人的生命所带来的影响更加深刻。

　　遗憾的是，作为人类，我们并不完全了解人体生物机制和生命的其他方面，我们也无法研发出非常出色的药物。为什么呢？因为人体生物学是非常复杂的。在我的一生中，一直致力于用AI更好地理解人的生理机制，探索AI、自动化与老化的核心联系，因为每个人都在不断变老。虽然我们的公司尚未上市，但我想向大家介绍我们公司的故事。

　　我们最早是一家算法公司，专注于生成式AI和深度学习的研究，并进行药物研究。随后，我们开始开发自己的软件，利用这些软件寻找治疗方法，例如新颖药物分子，希望有一天能够最终解决老龄化相关问题。我们利用算法和软件开发药物，打造一个真正的全球企业。如今，我们可能是世界上覆盖范围最广的企业之一，已经跨越各个时区、各个州，在全世界拥有8个办公室或研发中心。我们有两大模式：一是开发一个平台软件解决方案，许多医药企业和学术机构每天都在使用，他们将这个平台作为一项服务进行销售，并在客户本地进行安装；二是我们自己利用软件开发出一些治疗方法，解决与老年相关的疾病，如骨纤维或骨质疏松等问题。

　　生成式人工智能并不是一个新鲜的故事，只是近年来消费者开始对其有所了解，这也是为什么大家都在谈论大语言模型。在我们看到很多人用虚拟方式讲故事的同时，我也想讲一个故事。这个故事发生在2017年，我在美国的圣迭戈做了一个演讲，讨论如何快速获取更优质的分子。我们可以将这比喻为在一堆草中寻找一根针，而我们自己可以利用AI生成出完美的"针"，我们有自己的战略。我们运用大量的假设，对分子进行筛选，从中选出一些高质量的候选物，然后进行验证，最后将其应用于药物的生产。当谈到AI深度学习的功能时，这确实是对AI本身的颠覆。

目前，谷歌大脑提出了生成式人工智能的概念，这种AI技术可以生成有意义的产出。另一个重要的技术是深度学习，它具有区分功能，能够对生成的内容进行评判。通过双方之间的互动和冲突，我们可以产生出更加优质的新结果。

2017年，当时我们正在研究如何通过文字生成图像。早在2016年之前，我自己也发表了一篇论文，探讨如何利用相似的技术来生成一些药物分子。而在2016年，Yan A. Ivanenkov 发表的论文显示，仅用21天就能生成化合物，而且可以高效生成蛋白质的结构。如今，我们利用生成式人工智能发现和设计新药，并进行人体临床试验，部分项目进入1期临床阶段。领先的项目正在进行2期临床试验。

在2019年，我们在多伦多发表了一篇优秀的论文，展示了生成式人工智能可以从头到尾生成所需特性的新颖分子，并进行各种类型的试验，确保这些分子具有选择性，能达到所需的指标，并且也是可生成的。同样，2018年时我们与中国药明康德公司展开了合作，我现在所取得的一切成就都与中国有关。然而，一个模型无法完成所有任务，我们需要许多不同领域的模型，如化学、医药学和生物学等。同时，值得注意的是，设计和验证一个模型需要6个月的时间，而构建这些框架则需要另外6个月，最终将这些模型应用于人体则需要6年时间。

我们使用的工具是Chemistry42，其中也包括一些生成式算法，但我们不必强求它们立即给出反馈。我们可以耐心等待，因为我们有6年的时间进行验证。因此，我们建立了一个强化学习的管线，无论生成式模型最终得出何种结论，我们都会多样性地加以使用。

生成式人工智能正在为我们带来巨大的改变，精准度非常高，甚至能在原子层面进行计算。传统的药物研发通常需要较长时间，从发现新的靶点开始到最终上市大约需要12年。然而在中国，一家公司从发现靶点、生成分子，再到进行临床试验，使用生成模型需要6～8年时间进行验证，我们希望在中国创造这样的历史，并展示这是可能的。

当然，如果寻找一个新的靶点，正常情况可能需要更长时间，但生成式人工智能使得我们快速地从生物学、药学和化学等领域进行端到端的发现过程。我们采用的工具是Pharma.AI，并利用专有数据进行强化学习。2023年早些时候，我们发表了一篇研究论文，展示了我们如何发现一个靶点，并在药物研发中进行一系列步骤。我们找到一些需要的属性进行合成，再寻找先导化合物，最后得到潜力较大的候选药物，这个过程仅用了50天，发表一篇论文所花费的时间比进行试验还要长。

生成式AI并不是魔法，因此不能期待它具有类似魔法般的功效，比如今天付费了，明天就有药物问世。我们必须进行验证，进行动物实验，然后再进行人体验证，这可能需要好几个阶段。在我看来，整个药物研发周期需要2～3年。

我们还进行了一些案例研究，其中一些在全球范围内创下了纪录，从0到1期临床试验不到30个月。2022年，我们进行了临床前的候选药物试验，中国政府和公司在过去建立了优秀的基础设施，使得我们能够在一个地方进行合成试验，且质量非常好。这也是我们能够测试9款临床前候选药物的原因。最终，从0到2期临床仅用了42个月的时间，在临床前实验证明了我们的化合物的有效性，以及它们对特定疾病的适应性。我们在澳大利亚进行了0期人体临床试验，1期试验在新西兰和中国进行，2期试验则在中国和美国进行。

我曾提到Transformer技术正在广泛应用，我们最近发表了一篇关于利用Transformer网络的研究论文。在这项研究中，我们运用生物学中常用的一些数据类别和语言进行预测，甚至生成了健康人群的年龄预测。基于生物特征，我们以年龄作为主要指标来预测他们的健康水平，并在相同数据中探索不同疾病的产生权重。通过这种方法，我们能够找到疾病的真正源头，识别一系列蛋白质靶点，它们对疾病和衰老有重要的指示作用。

现在这种多模态的Transformer给我们带来很大的帮助，可以实时地进行学习，并且有助于打造实验室。2022年，我们在苏州建立了一个实验室，实验室内部的环境设计非常先进和具有未来感。我们可以从一个组织或者癌细胞样本中提取样本，机器人会将其放入小盘子中并检测是否被污染。在中国，机器人的使用已非常普遍。

我们设计了机器人工作流，将样本放置在培养皿中，并使用多种成像技术。我们会构建训练数据集，其中包含大量使用标准设备采集的数据，并将其应用于人工智能层。这里涌现出奇迹，人工智能可以决定继续研究哪个靶点，将该靶点从培养皿中提取出来并再次培养，然后将原始样本放回，形成周期循环。这样的方法可以快速地帮助我们发现治疗现有疾病的新型靶点，非常有利于个性化药物的开发。我们希望进一步将其小型化，以便在医院中进行直接使用。

我要对福贝生物的鲁白教授的贡献表示感谢。我们在帮助ALS患者时，发现了新的分子和靶点。鲁白教授找到了一些非常有趣的靶点，并使用了我们的技术。他目前已经招募了60位患者来验证这些靶点。这将有助于从0到POC阶段（proof of concept，概念验证）的快速进展，充分利用人工智能和人类的智慧。

非常感谢各位，目前我们正在招募人才，扩大团队，我们将继续在中国深耕，并致力于推动这个行业的发展。

人工智能与人形机器人融合的通用智能——以iCub机器人为例

乔治·梅塔 (Giorgio Metta)

意大利技术研究院院长

热那亚大学电子工程博士、麻省理工学院人工智能实验室博士后。2012—2019年任英国普利茅斯大学认知机器人学教授，现任意大利技术研究院院长。2018年G7人工智能论坛3位意大利代表之一、《意大利人工智能战略议程》作者之一，组织协调iCub人形机器人研发近10年，使其真正成为具身智能领域的研究参考平台。

　　今天，我介绍的内容主要是关于机器人方面的。尽管我不会过多涉及大语言模型，但我希望能够稍微介绍一些相关元素，这些元素可能是目前大语言模型中所缺失的部分。我的背景是机器人研究，因此我对人工智能也有一些看法。在今天的演讲中，我将展示我们机构在研究方面取得的成果。虽然我目前担任管理岗位，已经不再编写代码，不再是一名程序员，但我仍然对 AI 保持着浓厚的兴趣。

　　那么，我们为何要开发智能型机器人呢？在某些电影中，我们会看见机器人出现在影片里，它们总是协助人类，由此给我们带来了很多灵感。我们希望研发一些能够帮助人类的机器人，这些机器人可以通过手势和动作与人类进行交互，甚至进行一些物理接触。因此，我们致力于设计人形机器人。这些机器人具备丰富的传感器，可以感知与人的触觉和交互，并根据人类的互动作出相应的动作。此外，这些机器人拥有多种控制器，可以与环境进行交互。

我们的项目希望是开源的，我们希望打造一个用户社区，共同进行开发并提供软件，以进一步完善机器人的功能。在欧洲，因为这些机器人的开发得到了欧洲委员会的资助，所以一些研究大学可以方便地借用我们的研究成果进行机器人的开发。我们在全球拥有50个蓬勃发展的用户社区，这是我们的现状。

我们做了一系列的研究。首先，我们进行了一个非常典型的认知神经试验，试图理解如何最好地与机器人进行互动，这涉及认知神经科学实验。在这个试验中，我们使用了一个塑料瓶，这是一个标准的测量方法，它配备了一副眼镜，可以测量被试者的目光。通过这个塑料瓶，我们能感知到机器人施加的力量，这是衡量机器人的行为和互动的一种非常便捷的方式。

让我给大家展示一个非常具体的案例。这是一个非常有趣的试验，游戏的设定是这样的：参与者将与机器人互动。在游戏中，机器人有时候会注视参与者，有时则不会。参与者必须作出一个决定，比如他开着一辆小车，他可以选择直接向前开，前面也有其他车辆过来，可能会发生碰撞。如果避免了碰撞，机器人和参与者都不会遭受损失，每个人都得到1分。但如果参与者偏移避免了碰撞，而机器人没有偏移，那机器人将得到3分。参与者不知道机器人会采取什么策略，这使得游戏充满了趣味。如果参与者最后观察反应时间，就会发现其中的差异：当机器人看着参与者时，参与者会放慢速度；而当机器人没有看着他时，他会开得更快。这是一个很有意思的现象。

这个试验告诉我们，在你的大脑中，机器人是否注视着你会影响你的决策能力。当你衡量利用最佳策略的频率时，如果机器人没有注视你时，你的表现会更好，当然，你并不会意识到机器人的策略是什么，你只是在潜意识中做出这样的反应。如果你观察一些具体的电极或频段，你会发现目光的转移导致你的大脑中形成一个放慢或加快反应的区域。这说明你必须抑制一个机器人注视你的因素，试图摆脱被机器人注视的影响。我之所以提及这一点，是因为在工业场景中，机器人通常不会进行社交互动，如果它们进行社交互动，可能会带来干扰，影响你的表现。

接下来，我要分享一个应用领域——机器人与自闭症患者和儿童的沟通。我们进行了一项试验，通过训练机器人从他人的角度思考，帮助孩子学习。人与机器人不同，这需要较长的时间来进行训练，我们设计了一个为期6个月的完整课程，让孩子能够逐步掌握这些技能。我们还进行了临床试验，其中包括集合难题和理论推断，以推断另外一个人的想法。通过机器人辅助疗法，我们观察到了积极的改变，我们在这个领域可以做出很多有益的工作。

接下来，我将介绍一下物理上的互动，机器人和人类的交互。你可以看到机器人在执行一些复杂的任务，研究人员也在对它进行推动，这是一项基本的技术。此外，我们还能做些什么呢？我们可以向机器人传递更多的信息，并为其授权。例如，我们可以测量机器人在搬运物品时各个关节承受的力量大小，我们拥有一些电子技术来实现这一测量。在当今，这已经是相对简单的技术，我们可以将这些信息传递给机器人，让它能够更加灵活地运用这些技能。

我们还可以看到这些进展的最终应用：通过传感器远程控制机器人，这也是一种互动，是远程的沟通。为实现这一目标，需要先进的控制能力以及一系列人工智能系统来补偿沟通的延迟，因为延迟可能会变化，有时候也会相当长。举例来说，威尼斯的一个机器人在博物馆里走来走去，它的驾驶员却在500公里之外。这项技术需要运用人工智能来实现远程的互动，让远程的人与博物馆里的人进行看、抚摸、拥抱等交互，而这是通过传感器实现的。

我之所以提及这些，是因为大语言模型并没有问题，但我们在这里讲的是机器人与人之间的互动，我认为我们应该将这种互动优化，并将其融入大语言模型中。

跨界对谈：现实比电影更科幻

马瑞青 上海交通大学文化创意产业学院副教授

现任上海交通大学副教授、上海交通大学文化创意产业学院院长助理，曾任北京大学文化产业研究院副研究员；中国电影剪辑学会国际协作交流委员会秘书长、短片短视频艺术委员会理事；中国电影家协会会员、中国电视艺术家协会会员。

张亚勤

清华大学智能产业研究院（AIR）院长、
中国工程院院士

2014年9月至2019年10月担任百度公司总裁。出任百度
总裁前，曾在微软公司工作16年，历任全球资深副总裁
兼微软亚太研发集团主席、微软亚洲研究院院长兼首席科
学家、微软全球副总裁和微软中国董事长。数字视频和人
工智能领域的世界级科学家和企业家，拥有60多项美国
专利，发表500多篇学术论文，并出版11本专著。发明的
多项图像视频压缩和传输技术被国际标准采用，广泛地应
用于高清电视、互联网视频、多媒体检索、移动视频，以
及图像数据库领域。

郭　帆　　　　电影导演、编剧及监制、北京电影家协会副主席

毕业于北京电影学院管理学院，荣获2016年全球华语科幻电影星云奖最佳原创剧本奖等。2019年，编剧/导演电影作品《流浪地球》，在全球公映，取得46.88亿元的票房成绩，位列中国电影史票房第四位、中国科幻电影票房第一位。

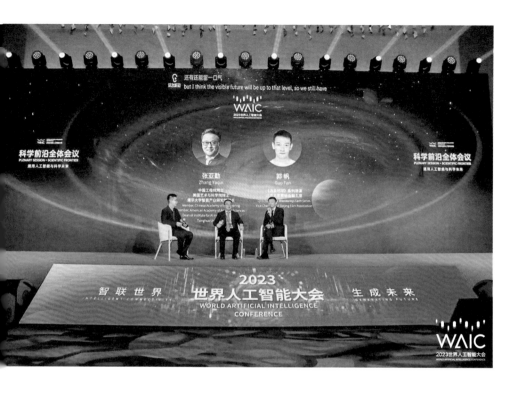

主持人：

马瑞青　上海交通大学副教授、华纳兄弟上海人工智能实验室顾问研究员、影视制片人

嘉宾：

张亚勤　清华大学讲席教授、清华大学智能产业研究院（AIR）院长、中国工程院院士、美国艺术与科学院院士、清华大学智能产业研究院（AIR）院长

郭　帆　《流浪地球》系列电影导演、编剧、监制、北京电影家协会副主席

马瑞青：感谢两位嘉宾及各位来宾。虽然这个环节叫跨界对谈，但其实正如刚才林达华老师提到的，电影与科学之间的距离是非常近的，在上一个环节里郭毅可校长以一部电影作为他演讲的引子。事实上电影就是一项伴随着科学技术的发明而诞生的艺术形式，而且一直与科学技术的发展有着紧密的联系。比如从黑白到彩色，从无声到有声，甚至基于计算机图像技术的影视特效，还有三维电影、虚拟现实影像等。早些时候，我们共同见证了书生通用大模型体系的发布，其中许多成果都有望赋能电影产业，例如像书生·天际这样能对大规模城市空间进行实景建模、编辑的三维大模型。

那么首先，我想请张亚勤院士来为我们简要地回顾一下生成式人工智能的发展历史，以及到现在它已经达到了什么样的水平。

人工智能的过去与未来

张亚勤：特别高兴来到2023世界人工智能大会的现场，我也祝贺汤晓鸥教授和上海人工智能实验室取得了重要的成果。

今天的来宾中有懂技术的，也有跨界的，所以我简单总结一下人工智能最近的发展，特别是过去这5年中的变化。人工智能距今已经有60多年的历史，大家在这几天中也听取了很多关于人工智能发展历史的介绍。而人工智能真正有大的突破是在过去10年间的深度学习，正因为有海量的数据、大模型、算法及算力，人工智能才有大的突破。特别在过去的2～3年中，我们看到了人工智能从量变到质变的飞跃。在我第一次接触到ChatGPT4时，我有3点感受。

第一，我认为人工智能的发展是从感知到认知的一次飞跃。过去人工智能更多的是在感知方面接近甚至超过人类，比如语音识别、图像识别、字符识别等功能，更多的是在视觉和分析方面的提升。直到过去的这两年，人工智能的更多发展则是在认知和推理方面的提升，我们会思考对语言和视频语义的理解。

第二，人工智能的发展是从专用算法的人工智能到通用的人工智能。我们过去做的每件事，包括语音、图像、自动驾驶、蛋白质解析，更多的是专一的算法、专一的模型以及专一的数据集，这是专用算法的人工智能。而现在的人工智能则是相对比较通用的。到底目前GPT4是不是已经达到了通用人工智能（artificial general intelligence，AGI）？我个人认为它还没有达到，但是它提供了一条走向人工智能的通道。包括我刚刚听到第一个人工智能体已经通过了图灵测试，当时我的第一感觉是，我们做了60年对话式人工智能，终于有一个智能体通过了图灵测试。

第三，人工智能的发展从鉴别式、分析式的人工智能到生成式人工智能。过去的人工智能应用更多的是对内容、事件进行更准确的分析、预测到决策。而现在我们可以去创造，可以生成新的东西，像语言模型，可以生成文本、图片、视频、蛋白质、编码、工具，刚才我们也看到了大模型的发布，包括今天发布的Landmark、书生通用大模型体系等，都是生成新的语言及内容的优秀代表。

但是，目前生成式人工智能仍处于起始阶段，我们所看到的技术其实还不太成熟，包括生成式人工智能在电影中的运用还比较少，可能对于 10～20 秒钟的短视频图像处理来说效果不错，但是对于 2～3 个小时的高分辨率、高精度电影来说，生成式人工智能的应用还差得很远。

视听产业中人工智能的应用

马瑞青：感谢张亚勤院士的分享，也正好引出了我们想要与郭帆导演探讨的问题。像先前发布的书生通用大模型体系，不但可以生成文本、图像、视频，它们之间还可以互相通用、互相学习，所以想请问郭帆导演，无论是基于刚才发布的研究成果，还是各位科学家分享的前沿内容，您认为人工智能现在的发展与以电影为代表的视听产业应用，以及与我们日常生产、消费的需求有没有距离？如果有的话，距离在哪里？

郭帆：我首先想解释一下今天我出现在这里的原因。在座有很多同学，我和他们是一样的，虽然我的工作证写的是嘉宾证，但我想应该改成学生证，因为我刚刚见证了上海人工智能实验室发布的书生通用大模型体，我对上海人工智能实验室在这么短的时间内取得如此优秀的成绩感到骄傲和钦佩。

同时，在发布过程中我也开始进行自我反思，之前我对 ChatGPT 都是不客气的："你！帮我弄这个！弄那个之类的……"。今后我决定在发出指令时加个"请"字，然后在结束后对它说声"您辛苦了"，要对人工智能好一点，多少给咱自己留条后路，对吧。

关于刚才马瑞青教授提出的问题，我以《流浪地球2》为例，演员在电影中的增龄和减龄，也就是变老和年轻的镜头，正是通过人工智能的学习，在做了几百代的迭代之后生成的。包括演员的声音也是通过人工智能修复的，这些技术我们已经投入使用了。但是我们今天看到的所有由 AICG 生成的内容，不管是视频还是图片，都已对行业造成巨大的影响。目前由 AICG 生成的内容的精度还没有达到电影级别，但未来将会达到，所以现在还给我们留有喘息的余地。今天来到 2023 世界人工智能大会，也是希望通过 WAIC 这个平台看到更多新技术的发展。我觉得对于我和我的团队来说，需要先从认识 AI 开始，了解 AI 是什么，它的底层逻辑是什么，它的拓展边界是什么，然后才能探讨未来的发展方向。

总之，我是以学生的心态和身份，来这里学习的。

马瑞青：郭帆导演非常谦虚。我想进一步问一下，您对于生成式人工智能的未来有怎样的期待？或者希望在下一步影片中使用哪些人工智能技术？比如包括您刚才提到在《流浪地球2》里演员增龄、减龄特效的使用。

郭帆：其实增龄、减龄这样的技术相对于今天发布的众多应用来说是非常窄的领域，我不知道它未来能延展到什么状态，当我们对它的认识还不够深入时，就很难对这个问题做出准确的判断。2个月前我们经常讨论包括生成的视频能否解决统一性和闪动等问题，当然现在已经看到了比较好的解决方案，可见其发展之迅猛。电影就是由一个个镜头组成的，当这些技术问题被逐步解决之后，在未来，将有可能帮助我们压缩时间与资金成本。

但同时，新技术也将为行业带来危机感，这些发展对于电影行业很多的部门以及艺术家个人来说是极具挑战和冲击力的。

马瑞青：就这个问题，我也想问一下张亚勤院士，您对此有没有相应的回应？无论是关于生成式人工智能的未来发展，还是刚才郭帆导演所提到的创作者的焦虑。

张亚勤：从技术方面来讲，也许再过5年，刚才所讲的这些问题都可以解决。如果回顾一下过去2年人工智能的发展，会发现进展很快，2年前Diffusion Model刚出来时，生成的图片问题也很大，而到了今天，进步已经很明显了。所以如果有需求的话，我觉得科学家、工程师都可以发明新的算法，从技术层面实现刚才所提到的语义、镜头和场景的连贯性，以及图片视频的高质量处理等。此外，从前期的构思到摄影的过程，以及后期的制作，我想从技术方面都是可以实现的。

但是我认为我们不需要过于焦虑。AIGC做得再好，它也只是工具，真正的创造力、想象力、灵感及创意，还是要依靠我们的作家、导演以及演员进行创作，这些是AIGC无法替代的工作，它只是加速并优化电影制作，虽然其中的技术问题有很多，但是我认为大多数都是可以实现的。这里面有一个重要的问题，怎样能创造一个有着更人性、更简洁、更优质的操作界面的工具，使得导演、演员及其他行业相关人员能更好地使用它。过去我们做过很多电影的特技，包括我在微软研究院时曾与卡梅隆导演一起合作制作《阿凡达》，也包括《泰坦尼克号》中二维到三维的制作，很多技术都是可以解决的，所以最重要的还是创意与界面。

艺术与科学的相生相成

马瑞青：根据张亚勤院士的倡议，郭帆导演，您认为在哪些领域，艺术创造可能反哺科学创新？比如通过科幻电影等艺术作品，如何以超前的想象力反哺现实，打开科学家的脑洞，激发科研新思路？您认为这两者之间除了是科学为艺术提供技术解决方案的关系之外，还有没有其他关系的可能性？

郭帆：我先不考虑如何反哺吧，我们自己都快"断哺"了。张亚勤院士一直在微笑着安慰我："没关系，还有5年……"。那5年以后呢？

我们现在迫切希望尽快地全面了解人工智能应用，在电影领域中，现在已知有24个相关应用，我们希望在未来能不断地通过我们的新作品去尝试和探索这些应用的落地。从前期创意到剧本创作、到拍摄再到后期宣传发行阶段，我们在全流程中都找到对应的应用进行技术测试，测试哪些技术是可应用的，哪些技术还不太成熟，这是我和我的团队在今后半年多的时间内计划要做的事情，我们也希望有更多能了解到新技术发展走向的考察与交流。

另外，我们有一些关于流程化和管理上的需求，比如在拍摄《流浪地球2》时，现场的工作人员达到2 200人，团体整体规模接近30 000人，我们急需一套高效的流程管理系统。按照传统的拍摄和制片逻辑，我们是有缺失的，传统剧组的组织架构和管理形态很难实现这么大规模、大集群的协同工作。遵循生产力决定生产关系这一基本规律，我畅想，未来可能会有这么一个形态，当我们的生产技术达到某一程度时，剧组不再像现在一样会有几千人同时在现场拍摄，虽然人会变少，但是就某一件事情的协作能力而言，通过人工智能的辅助，也许能够实现上万人甚至上百万人的大规模协作。我相信，只有进一步的细分，才有可能加速推动我们的电影工业化从2.0跨越至3.0。

在此，我做一个简单的背景介绍，电影工业化1.0可以理解为"胶片时代"，经历了将近100年的时间。蜕工业化2.0是"数字时代"，以胶片的淘汰使用为标志，到今天为止经历了近30年的时间。很快，人工智能，特别是亚勤院士提到的AGI通用型人工智能，如果介入进电影行业，就会直接开启电影工业化3.0的到来，"人工智能时代"。对于电影工业化3.0应该怎么创作，怎么拍摄影片，怎么制作后期以及怎么宣传发行，甚至到怎么放映，包括放映端会发生哪些变化，影院会变成什么形态，观影模式会不会产生变化？都需要我们去重新认知和理解电影工业化3.0的到来以及人工智能在这个领域中的更多应用。我们希望能有更多时间和途径，接触到更多像亚勤院士这样的科学家以及人工智能的企业并进行更多的学习和交流，也希望能更快地搭建出电影工业化3.0的雏形。

张亚勤：首先祝贺郭导《流浪地球》系列电影的巨大成功。2023年春节期间，我在美国带儿子看《流浪地球》，但3天都买不到票，最后好不容易买到票了，当然是座无虚席。我看电影有一个不好的习惯，有时候爱睡觉，但是那天我儿子说：爸爸你今天好奇怪，看电影都没睡觉。说明这部电影的确特别精彩，祝贺郭导。

我把这个问题拓展一下。科幻创作，包括科幻电影，里面的概念对于科学研究来说是有很多启发的。科幻和做研究其实是密切相连的。人类有好奇心、想象力和创造力，而对于两件事情是最好奇的，一是对大的宇宙，我们想去探索宇宙；二是对小的宇宙，就是我们的生命和大脑。所有科幻小说、电影也基本围绕这两个主题，不管是太空漫游，还是机器人、数字人、虚拟人。所以我们发现，这些年有很多发明的灵感都来源于科幻小说或是电影，比如无人机、平板电脑、无人驾驶、激光武器等，灵感都来源于《星球大战》《星际迷航》《回到未来》《黑客帝国》等电影。

我和汤晓鸥教授大学都就读于中国科学技术大学，我记得上大学的时候看了一部电影叫做《未来世界》，影片讲述的就是机器人是如何失控，又是如何被控制的。在看完这部电影之后，我就努力学习信息论、控制论，再到后面研发人工智能机器人，包括这几年我一直在研究无人驾驶，就是受到这部电影的启发和激励。另外一个例子是现在的通用卫星技术，但是它最早的创意其实来自科幻小说家Arthur Charles Clarke。他在1946年写了一篇科幻文章，内容是经过数学计算推导，向地球36 000公里之外等距发射3颗卫星，而这3颗卫星只要处于同步的轨道并和地球保持相对静止的状态，就可以传输信号并让信号覆盖整个地球。20年后，第一颗真正的卫星才建设起来，在建的时候，主要参考的就是他的这篇科幻文章。另外一个很有名的例子就是阿西莫夫的机器人学三定律，这是20世纪40年代提出的关于机器人的规范问题，时至今日我们还在沿用。当然还有很多别的例子，由此可见，科幻作品对于科学研究有着很大的启示。

所以我们开玩笑说，人类都有好奇心，我们通过科幻电影的想象力和科学家的创造力把许多想法变成现实。

人工智能时代的挑战与威胁

马瑞青：所以我相信，在未来的开拓中，无论是科幻电影导演还是人工智能科学家，都可以携手并进、互相启发。正如刚才谈到的，首先我们可以把人工智能理解成一个工具，像郭帆导演介绍的，在电影领域内有20多个应用，有哪些可以利用人工智能工具来提高工作效率；后面我们逐渐深入探讨如何去理解人类和人工智能之间的关系。更早些时候我们还抛出了关于人工智能给我们带来的焦虑这样的话题，按照张亚勤院士的说法，电影人还有5年的时间。

那么请问两位嘉宾，无论是在探索人工智能产业应用的过程中，还是在对人工智能进行科学研究过程中，有没有一个瞬间感受到人工智能对自己带来的挑战与威胁？无论是从艺术创作者还是从科学家的视角出发，您二位又是如何来理解这样的感受的？

郭帆：我肯定有过这样的感受，不然今天我就不坐在这儿了。挑战和威胁一直都在，所以你先前提的关于科幻作品怎么反哺科学创新的问题，我想我把你的问题给理解错了，我单纯地想成了科幻电影。比如刚才亚勤院士提到的克拉克、阿西莫夫这些大师，他们确实给科学界带来了很多有意思的启发。我刚才也在想，电影可能还达不到反哺科学创新的程度，至少我认为我拍的电影可能还达不到这一程度，中国科幻类型电影仍处于刚刚起步和不断学习的阶段。

刚才马瑞青教授提到有没有对我们造成威胁？我认为当然有。我举一个简单的例子，现在Midjourney生成的这些概念设计和分镜会让我们思考电影背后的这些概念师未来应该怎么办？在最开始做概念设计时，往往也是把一段文字绘画成大致意象并形成画面的过程，而现在Midjourney已经可以实现这项工作，你只需输入几个关键词，这个过程特别像导演向概念师讲述我们需要什么的过程。如果靠人力来绘画的话，一名非常优秀的概念设计师可能需要画一周左右，而且他必须要有十几、二十年的功底才能达到这个水平，与之相比，Midjourney一晚上也许就能绘制一两百张图。

我们的美术指导也曾做过实验，把人均画了一个礼拜的几张图和一晚上跑出来的上百张图混合在一起让大家选，结果第一批就把人画的作品先淘汰掉了。我们经常说人工智能的绘画没有灵魂，海外也做过类似的测试，把人画的图和机器画的图放在一起，结果第一批被淘汰掉的还是人画的。这只是在概念设计这个领域举的一个例子。

前几天，我们和刘慈欣老师聊天时也在讨论人工智能这个事情，包括小说、剧本的写作，人工智能创作的作品能不能达到灵光乍现，能不能做到醍醐灌顶？我们认为目前可能还达不到，但是它确实是在一定的水平线之上，还是有可读性的。图画、绘画、视频的生成及修改，这些应用已经逐渐进入电影制作的领域中。我们还是很焦虑，当我们越来越多地使用这些应用时，传统的、学习了十几甚至二十年艺术的艺术家们，他们未来应该何去何从，这对我们来说是一个严肃的问题。

张亚勤：在未来有些工作肯定会消失，但整体来讲，文艺创作，特别是电影，最打动人的地方在于它的故事情节、灵感、人性、情感，这是文艺创作的生命力。这些是ChatGPT、Stable Diffusion、Midjourney这样的大模型生成的内容所没有的，即使有，也是人们赋予它的灵感。比如说我看到《流浪地球2》里的Moss。我觉得Moss做得特别好。它有更多的迭代，可以自我升级，能获得更多的智慧，这些技术目前基本上能实现，包括语音合成、和自然的交互、不断地学习，这些都可以实现。但有一点是永远做不了的，就是它有自我意识和情感。

我刚才讲到通用人工智能AGI，我对它的理解是，在感知和认知的两方面能力上，它可能和人一样，甚至超过人的智能。但是，我们现在所有的这些算法，所有的硅基生命，永远没有真正的情感和意识，这也是最大的区别。

最近我一直在思考，machine、brain和mind，这3件事是不一样的，机器也许在若干年后可以实现人脑的所有功能，甚至超越人脑，但是它没有办法拥有mind，mind和brain是不一样的。比如貌似Moss可以有大脑，也可以进化，但mind是没法实现的。所以一个好的作品，它要有灵魂，是要有mind的，所以我们不需要太焦虑。

但我自己又有些焦虑，一方面，由于现在的算法仍有许多问题，生成式AI会生成假的、幻觉的、失实的、错误的内容，还有人可以去造假，这些都是生成式AI的问题。在信息世界里，这些问题会对我们造成影响，但是我觉得这些是可以解决的。另一方面，我们现在走向的下一代的人工智能是物理智能、形体智能和生物智能，当 AI 应用到无人驾驶、无人机和机器人上时，如果没有因果性和透明性，如果我们无法知道为什么，就会造成更大的风险。所以，我的焦虑更多是来自人工智能的能力和与之而来的风险。到了生物世界就可能会有更大的风险，比如人机接口或芯片接入让生成式 AI 的能力影响我们的大脑，从而影响我们的决策、行为、思考，这是一定要被限制的。

最近我个人签署了一份关于人工智能风险的呼吁，我们要把人工智能所带来的风险和核武器、流行性疾病所带来的风险视为同样的优先级，但是我认为，人类是可以控制风险的，我们有发明技术的智慧，也有控制技术走向的智慧，但我们必须要有这样的意识。

人工智能的伦理和治理

马瑞青：刚才张亚勤院士提到的 mind，我斗胆尝试将其翻译为"心智""灵性"，我想这会不会是人类最后的栖息之所。最后，我特别希望两位嘉宾能简短地回答一个小问题。科学发明创造需要开源共享，它才能不断地迭代与精进，但是艺术创作，尤其是艺术家，需要版权的保护才能得到供养，这两点之间如何调和？就像先前提到的 Midjourney，包括美国编剧工会的罢工事件，还有两位作家正在控告 OpenAI 借鉴了他们作品的事件，这些恰恰都是张院士提到的人工智能相关伦理和治理的问题。

郭帆：我一直沉浸在张亚勤院士以及郭毅可校长所讲的内容，系统的复杂程度高到一定程度时会涌现智能。我想先跳开知识版权的问题，就涌现的问题进行讨论，当系统足够复杂时，涌现是否可控？刚才我们讨论的所有内容都是建立在"人类中心论"的逻辑上，比如情感和mind是什么？这些问题的定义权在我们自己手里，而当机器涌现出真正的意识之后，在重新定义并建立这个世界的意义框架的时候，我们应当如何处理？我特别想问张院士这个问题。

张亚勤：我认为，现在我们讲的所谓的智能涌现不会产生意识，智能涌现是指当模型和参数大到一定程度时，它们所完成的很多任务都会变得十分准确，但是并不会产生新的意识或者情感，有时候这些词汇会有一些歧义，但我们可能不能百分之百知道它的推理过程是怎么涌现的，但这与自我意识、独立意识毫无关系。

郭帆：是的，我认为背后比较可怕的逻辑是，我们不知道它是如何涌现出这样的结果。我们经常能看到蚂蚁，当它作为单独个体时，生产能力很有限，但是当一群蚂蚁聚在一起时就有特殊的能力。包括这样的能力展现也会出现在鸟类中，当个体和群体聚集之后就会产生。还有荣格的"集体潜意识"，多钟摆的"同步"现象等。所以，当系统复杂到一定程度时，涌现就会出现，这和人工智能中所谈到的涌现其实是很接近的。也许在未来创作《流浪地球3》时，我们也可以将这个概念放在其中。

马瑞青：感谢两位嘉宾特别精彩的对谈。其实就像郭帆导演开场说的，面对人工智能，我们每个人佩戴的都是学生证；我们只有更多地去学习，才能更多地去了解，只有这样，当涌现真正来临的时候，我们才知道如何去应对。现实永远比电影更科幻，只有我们共同努力，才能让这些幻想成为现实。

智能时代的产业数据价值化

宋海涛

上海人工智能研究院院长、
上海交通大学人工智能研究院副院长

上海人工智能研究院院长、上海交通大学人工智能研究院副院长。"上海产业菁英"高层次人才、2022 IEEE ICNSC程序委员会成员、亚洲科技可持续发展联盟理事、"十四五"国家重点研发计划指南编制专家。

余 虎

蚂蚁集团副总裁、数字科技解决方案总经理

现任蚂蚁集团数字科技事业群副总裁，负责蚂蚁数字科技的解决方案工作。具有超过20年的信息科技与服务领域经验，对数据仓库、大数据、云计算、AI、区块链、隐私计算等具有深入的研究和实践，对行业数字化转型和科技赋能产业具有深入的理解，熟悉数字政府、金融科技、智能制造、新零售等领域，对组织的战略设计（BLM）、集成产品开发（IPD）、解决方案管理等具有丰富的实践经验。

朱军红　　　　　　　　　**上海钢联电子商务股份有限公司董事长**

2000 年创立了上海钢联（Mysteel）——国际领先的大宗商品产业数据公司，2008 年创立了钢银电商——千亿级别钢铁电商平台。作为我国产业互联网先锋人物、产业大数据的引领者，始终致力于推动大宗商品市场更透明、更高效。

刘 涛

智己汽车联席首席执行官

1997年进入上汽集团，曾任上汽乘用车产品规划总监。主导开发首款"人机交互行车系统——inKaNet"，以及"全时在线互联网汽车——荣威350"。如今，将其对汽车行业的挚爱和对汽车行业趋势的超前理解投入自主品牌IM智己，专注于为中国打造世界级好车。

马　健　　　　　　　　　　　**晶泰科技联合创始人、首席执行官**

曾获教育部自然科学奖二等奖、《麻省理工科技评论》"35岁以下科技创新35人"、中国AI新药开发最佳CEO等荣誉，并担任中国药促会副主任委员、《药学进展》杂志编委等职务。2014年联合创立晶泰科技，致力于生命科学和新材料领域的数字化和智能化革新。

孙元浩

星环科技创始人

中国人工智能产业发展联盟理事，入选上海领军人才培养计划。获得上海市十大杰出青商、上海市智慧城市建设领军先锋、上海市优秀学术技术带头人、上海市青年科技杰出贡献奖等多项荣誉。

带领团队研发企业级大数据平台等基础软件产品，在实时计算、分布式事务、分布式计算、分布式存储等多方面做出重大革新。率领团队在中国成功建立上千个大数据案例，积极推动了大数据技术在中国的落地和实施。

主持人：

宋海涛　上海人工智能研究院院长、上海交通大学人工智能
　　　　研究院副院长

嘉宾：

余　虎　蚂蚁集团数字科技副总裁、数字科技解决方案总经理

朱军红　上海钢联电子商务股份有限公司董事长

刘　涛　智己汽车联席首席执行官

马　健　晶泰科技联合创始人、首席执行官

孙元浩　星环科技创始人兼首席执行官

宋海涛：非常高兴能在2023世界人工智能大会产业发展论坛中主持"智能时代的产业数据价值化"这样一个充满挑战和机遇的话题。众所周知，全球在经历数字化和智能化浪潮席卷的过程中，无论是企业还是我们生活的方方面面都受到这一波科技浪潮的冲击。今天我们非常有幸请到在数据、科技发展过程中，在全球及国内领军的企业家，和我们一起探讨这一议题。

对于"智能时代的产业数据价值化"这一话题，相信很多朋友会很感兴趣。因为在所有产业转型的过程中，高质量数据形成的价值库，是所有企业和行业要面临的课题；还有就是，在行业与企业进行数据化发展的过程中，应该如何建立安全池？今天参与到圆桌讨论的5位企业家从事着钢铁、金融科技、汽车、医药等不同的行业。我想请几位分享一下如何推动行业数据库的建立，以及垂直领域行业的大模型有哪些经验可以与大家探讨分享。首先有请余虎。

行业高质量数据集建设

余虎：在行业高质量数据集的建设和治理方面，我们通过开发数据质量和数据价值的评估技术，已经实现在线状态和离线状态下，通过模型效果反向评估数据的质量。

我们在与一些高校合作、研究、开发基于区块链技术的大规模分布式数据的可信治理技术。通过这种可信治理，确保我们能够在整个过程中实现数据的安全和可信。

这是我们的几个关键举措。

宋海涛：非常感谢余虎从金融科技角度分享了蚂蚁集团在数据的生产、标注、评估、可信治理等方面的关键举措。接下来有请朱军红为我们做分享。

朱军红：我们从事的行业相对传统一些，主要是为钢铁、有色金属、能源、化工、农产品等传统工业提供数据服务。我们有一个核心应用是关于所有产品的交易价格。我们知道在工业企业之间有60%～70%的交易价格是通过长期协议价格确定的，30%～40%才是市场的交易价格，市场的价格决定了长期协议的价格，这里面就涉及价格如何制定的问题。我们所有的采集是以30%～40%的现货市场确定的，由于长期协议要应用到这个价格进行结算，因此我们建立了非常多的关于价格准确性的标准，获得了发改委的规范认证，在全球也有很好的标准，我们每年都通过IOSCO（国际证监会组织）的认证，这个方法也要通过审计。

再有，大家采用了这个价格之后就会对价格进行预测，此时就有影响价格波动的各种数据，比如产能、供给、需求，因为要采用这些数据进行预测，所以产业对其准确度的要求非常高。于是我们为每一个数据的产生建立了很多标准以确保数据的准确性，比如样本怎么生成，采集过程怎么生成，而且所有的方法都要对外公开，最后能让客户检验数据。今天我们看到了许多大模型的分享与发布，其实这个行业的小模型早已开始使用。所以我们对价格及各种数据都建立了一套完整的标准，包括数据产生、采集及检验，我们基本上是这样做治理的，我们有庞大的治理团队和采集团队来共同完成。

宋海涛：非常感谢朱总与我们分享了如何为传统行业提供标

准化和有价值的数据服务，包括钢联已经推出国际化的出海标准等。接下来有请智己汽车总裁刘涛做行业介绍。

刘涛：我认为汽车行业在这个时代是一个非常典型的行业。汽车业原来属于传统制造业，现在智能汽车是代表未来智能电动车的大号移动终端，它的感知能力和算力远超手机，当然它的电量也远超手机。它所代表的未来竞争力从原来的动力大幅度转向算力、软件、AI和GPT能力，这的确是一个非常大的变革。我们是一家初创公司，创立只有3年的时间，公司员工不到2 000人，有70%以上的岗位和算力、软件、人工智能有关，不像以前80%以上是和供应链制作及材料相关的岗位，所以的确发生了很大的变化。

智己汽车是一支很新的造车新势力，主要有上汽集团、张江高科和阿里巴巴三大创始股东作为联合创始人股东，2022年完成A轮融资，估值300亿人民币。就数据来讲，汽车的确是未来数据和算力非常重要的承载者，比如说智能驾驶，我们有11个摄像头，5个毫米波雷达、12个超声波雷达以及激光雷达，我们车载目前用的是拥有254 TOPS算力的Orin X芯片，我们也与阿里云建立了1个非常强大的超级数据工厂，目前数据吞吐量达到亿级。目前具备日生产1 400万公里数据能力，可以想象这么多摄像头和雷达，每天在路上行驶所带来的数据量是非常惊人的，所以我们在车端布置了非常高效的筛选器，只将真正有利于自动驾驶模型迭代的数据上传到云端的数据工厂。

2023年4月，我们进行了基于Transformer架构的人工智能模型的行业首发。大家如果熟悉自动驾驶领域就会知道，感知、融合、预测、规划、控制的链路是相乘的关系，任何一个环节都是最终体验的决定性因素。以前在感知领域，数据驱动是一个非常重要的算法驱动的模型。我们也是首个真正贯通了这5个关键领域、全数据驱动的 D. L. P（Deep Learning Planning）人工智能数据模型。

宋海涛：感谢刘涛，智己汽车可以说是从起步阶段就建立在数字化和智能化底座上的新能源汽车品牌，我们也非常期待智己汽车实现更高的量产。接下来有请晶泰科技的马健为我们做分享。

马健：我们致力于药物研发走向自动化和智能化，这也是晶泰科技成立将近10年以来的使命和愿景，我们现在正从生物医药行业的智能化研发向着更广泛的如材料、化工等行业延拓。

作为生物医药行业，我在参加类似行业论坛时经常拿自动驾驶做比较，以对比智能化和人工智能的程度。这个对比存在一个巨大的反差，生物医药行业，尤其在研发端，数据的获取成本非常高，获取周期也非常长。人工智能有3个要素：算力、算法和数据。算力的基础设施有云计算、GPU超算等。但是对于数据的基础设施来说，在其他行业可以用爬虫找到很多文本数据，也可以用摄像头拍摄很多的图像数据，但是研究一个药物分子的物理性质、化学性质、生物学活性时，需要很多科学家日复一日地做着大量的实验工作，需要借助许多昂贵的实验仪器和设备，从这方面来说，它的基础设施数据产生的效率和通量是不高的，但成本很高。

我们首先回应数据建设这个问题，晶泰科技在人工智能面向药物研发的数据建设中经历了两个阶段。头几年是虚拟数据的建设阶段，针对微观分子层面来说，我们积累了很多可以通过计算物理、计算化学、量子物理进行高精度计算的数据，用于训练一些较低成本、高通量的计算模型。到了第二个阶段，医药是真实世界的事情，所以必须要从真正的实验和真实世界的复杂体系中得到有效数据。从2020年到现在，我们致力于让AI逐渐被人们看见，让大家看到自动化、智能化新实验室的潮流，我们已经打造了全球范围内规模最大的、面向药物研发、化学实验的自动化机器人实验室，这也是我们在行业中构建数据的、面向未来的、新的基础设施。就像老话说，要想富先修路，当我们把基础设施产生数据的能力搭建起来时，我们在基础研究方面的效率将会不断地提高，这是晶泰科技现在正致力于构建数据的能力。

就研究端来说，大家一想到数据，不能只想到量，这其中还有质的问题。我们可以挖掘大量的文献，但文献有两个问题，一方面都是以正样本为主，缺乏负样本；另一方面越涉及生物体系研究的文献，它的重复度就越低，因为生物学和相关实验的复杂度高。很多专利和公开数据，你用来训练一个语言模型是没有问题的，但是如果做科研，数据不能有任何偏差，所以我们有时候倒逼着自己，必须要从实验能力的真实数据建立开始，这是从我们行业的感受和观点来看这个问题。

宋海涛：非常感谢马健，我们也期待晶泰科技未来能更多地用AI技术在创新药中给我们提供更多帮助。接下来有请星环科技的孙元浩作分享。

孙元浩：我们是做数据管理软件的公司，我从大模型出现以后数据管理软件的变化这一角度来分析一下。大模型涉及的训练数据集主要用于预训练、微调、强化训练，另有一部分用来做推理的数据集。数据又可以分成几类，第一类数据是感知类的数据。比如视觉、语音、传感器数据，这类数据过去是放在文件系统上，现在我们为了输入给大模型，我们需要把数据快速的向量化，向量化的过程还要用不同的大模型把数据的向量化高速存储到向量数据库中。

第二类数据是描述性、事实类数据。这类数据比较多，过去很多行业已经把这类数据结构化了，比如说金融行业的转账记录、账期都是结构化的，可能有的行业都已经完成信息化了。但是我们发现一个问题，所有的数据经过几万个步骤的变换后，其原信息可能就丢失了。虽然这个信息的字段、名称都有，但是大家已经忘记它要表达的含义，字段、名称的数量也很庞大，可能有几十万甚至上百万的字段。在输入时，如果我们只给大模型一个字段，大模型就不知道其中的含义，所以我们必须要找出字段的语义，反过来我们可能要用大模型再拆解字段表达的含义，通过简短的命名及值域才能猜测它可能表达什么含义。但这还不够，我们可能还需要把变换步骤和历史找出来，放在图里再进行检索，看它在过去某个时刻标注过什么含义，再把它找出来，组成一个完整的语义描述并输入给大模型。

第三类数据是知识类、抽象类、概念型的数据。这些数据过去没有有效的处理方式，我们以前做了很多年的知识图谱，希望把数据变成知识图谱并在上面进行推理，但是大多数情况下并没有把知识和概念构建成知识图谱。而大模型出现之后，我们需要有知识图谱的构建工具给大模型提供精确的知识。

除了知识图谱以外，还有一类知识的情况更糟糕，更没有被结构化记录下来，就是方法论。我们在跟客户的交流中发现，他们会问大模型能不能变成助理，能不能分析股票的未来走势。判断新闻事件可能对哪些产业链、行业、板块及公司产生重大影响，甚至具体到这个事件的影响是正面的还是负面的，还有能不能分析个人习惯和解题步骤，并总结成一套方法论用于训练大模型，让这个大模型变成助理来分析类似的事件。这些方法论过去没有得到有效的整理和组织，而且这个组织还要变成大模型能识别的思维树。这是从上往下，从感知类到事实类到抽象类再到方法论及逻辑推理的方法，可以看到它被记录得越来越少，很多都在专家的脑子里而没有被记录下来，所以我们认为这里还是有挑战的。

所有这些信息要变成能给大模型输入的语言。大模型输入的是自然语言，我们过去做了很多结构化的工作，使自然语言变成计算机语言，变成计算机可识别的结构化信息。现在我们要反过来把这些信息变成大模型可以理解的自然语言，这就又需要工具进行标注，如果我们需要训练就要生成训练队，如果要做推理就要把它向量化，要能做模糊的搜索，把相关的信息找出来并提供给大模型。这里又诞生了一批工具，需要辅助将原来的数据提供给大模型。所以我们认为在整个数据产业链中，还需要大量的工具及各种类型的数据库，才能真正把大模型使用起来。

宋海涛：刚才，孙元浩与我们分享了星环科技在整个数据工具的开发过程中积累的很多经验。通过几位嘉宾的介绍，我们了解到各个行业在数据建设过程中的探索，他们也分享了在垂直类模型及专业方向上知识图谱建设过程中的探索。

众所周知，人工智能时代的三要素是数据、算法和算力。今天我们探讨的核心是产业数据如何价值化。在这个过程中我们需要建设一批专业工具，包括垂直类的大模型，这些需要高质量的数据库，但是我们在行业探索过程中有很多的行业赛道目前尚不存在这样的数据库。在这个过程中，我们需要探索全要素、全链接的过程，这就需要很多行业和产业链的"链主"单位携手，打通产业链上下游，逐步推动完善数据库。

在此我也希望听听各位行业翘楚的想法，在产业链上下游探索布局过程中，能不能分享一下你们的经验和心得。

产业链数据的开放与共享

余虎：其实现在各行各业所有的数据都处于分割的状态。数据的开放、共享、流转受到了非常大的阻碍，阻碍本质上还是利益的问题，但核心是前面缺少数据安全和数据信任的保障，一旦缺少数据安全和数据信任保障，你就无法让数据的所有者、持有者、开发者、使用者以及运营者等形成自然可信的协作机制，所以阻碍了现在各个行业，包括公共数据的共享、开放和流转。

在这个过程中，因为我们进入很多行业，所以有以下几点体会。

第一，需要构建数字的信任，通过构建可信的基础设施，保障数据的安全和可信，使得数据在不侵犯相应权力的前提下开放共享。这需要区块链技术和隐私计算技术的支持。在这方面，蚂蚁集团把区块链技术和隐私计算技术进行了融合，形成了一套可信的、数字信任和协作的基础设施。

第二，有了这样的基础设施之后，核心会进入三大版块的数据领域，一个是个人数据，一个是公共数据，一个是产业数据，协作更多是发生在产业和公共领域的。我们先说公共数据领域，基于区块链及隐私计算的基础，我们开发了城市链的解决方案以及面向城市级数据要素交易流转的解决方案，通过这样的解决方案，我们可以很好地支持、构建城市级的可信数据流转网络，相应的公共数据就可以得到很好的开放、共享和流转。另一类是在产业中，核心就是要找到产业链的主导企业，围绕这些产业链的主导企业，协作并结合产业上下游的相关企业，让这些企业间的数据能够高效地流转、共享和开放。

以航运行业为例，基于蚂蚁链的区块链技术，中远海运牵头8家事业级的港口公司形成了全球航运网络区块链联盟。通过他们提供的电子提单和无货共享的能力，我们已经服务超过一万家客户，在其中实现了高效的数据共享和流转，整体效率也得到大幅提升。过去的一个过程可能需要几周甚至更长，现在只需要几个小时。在产业领域，整个产业链高效地共享、开放和流转，实际上需要可信的数据信任基础设施的支持。

宋海涛：谢谢余总，蚂蚁集团在探索过程中围绕的关键核心词就是打造一个可信的产业链生态。让我们听一下朱总的分享。

朱军红：工业企业生产链条是比较长的，我们现在做的样本数反而不是很多，尤其是大的工业企业其实并不多。比如钢铁行业就只有几百家钢厂，相对来说有些东西是完全可以做到全样本的，但是我们希望把整个产业链都涵盖，从钢铁的铁矿，到煤，到生产，到生产的材料，到运到哪些地方，比如说板材运到三一重工、海尔等大企业。如果你的数据维度做得足够多，那么自然而然的，校验就是非常清晰的。所以我们的做法比较简单，就是不停地扩产业链，把产业链上下游的数据做清楚，所有的数据都是有关联的，你做个模型或者做个回归就基本能算出数据的准确度。

另外，由于我们的应用是每天都在运用的。价格是不可能有错误的，因为做出的价格一定要用于双方买卖的结算，涉及当天此时此刻他是不是吃亏的，所以我们做得很简单，我们建了很多用户群，获取之后我们发布到用户群中，用买卖双方校验，在当时就可以校验。

此外，我们也用了很多科技手段。比如说我们对全球铁矿的堆场可以用卫星处理，我不需要打电话，只要卫星图片一做就可以算出来。比如说全球的海运也基本可以实现全样本，通过标注之后就可以算出海上现在漂了多少条船，这些船到哪个港口卸货，卸了多少，这些都是可以算出来的。还有石油的库存，只要是露天的，基本上用卫星是能看得出来的。这些堆场的库存都可以用很多高科技手段，把传统人工样本的采集和科技手段相结合，把数据做清楚。

另外一个就是接受用户的检验，因为这个数据要拿到现场，当时就要用的，所以时时刻刻用市场化的手段接受市场化的检验，这是最高效的。科技和传统的方法都很多，这其中对质量的要求是很高的，因为产业是要实际应用的。包括我们要对企业的未来进行预测，如果数据是错的，那么预测水平再高，算出来的结果也是错的，所以这其中对我们提供的数据质量的要求是非常高的，我们会采取各种各样的手段来取得高质量的数据并为用户服务。到今天为止，我们服务了接近30万家付费用户，这30万家的每天监督就是对我们数据质量最好的检验。

宋海涛：谢谢朱总，在传统行业和特种行业中小样本数据库的基础上，钢联正在探索全样本、高质量的数据库来赋能产业发展，也走出了一条成功之路。接下来有请刘涛做分享。

刘涛：我用2分钟时间和大家分享我们认为非常重要的一个观念。我们公司只成立了3年的时间，但是我们在成立的那一天，产品还在开发的时候就做了一个底层思考。我们觉得人工智能时代最核心的改变、与以前的工业革命不一样之处在于，以前的工业革命是发明了电力、内燃机以提高生产效率，所以各行业会被赋能，而现在人工智能时代不是发明一项技术，而是发明了一种智慧，这种智慧和人类智慧结合在一起可以重新升级所有产品。

举个简单的例子，马斯克是非常值得尊敬的人工智能先驱，特斯拉也是行业里的模范企业。但实际上马斯克最早创立的模式和特斯拉的数据平台是靠天才工程师们，但是这个产品上市之后天才工程师的重要性就变低了，重要的是创造了伟大的贡献数据的用户，这些用户在日常使用中贡献的数据才是真正在后期迭代特斯拉自动驾驶算法模型的驱动力。

基于这个发现，我们认为，人工智能时代的用户变得空前的伟大，原因是他们在贡献数据。我们规划了一个名为原石谷用户数据权益计划的产品，只要你成为开车用户，你就会每天每时每刻的贡献数据，而这些数据是我们迭代和改进产品的核心驱动力，所以我会把智己汽车创始价值的增长权益对应成3亿枚原石。用户已经通过数据开采的方式，开采了数千万枚原石。越早期的用户数据价值越高，通过区块链技术的背书，其获得原石的概率就越高。目前我们交付了10 000台车左右，早期的用户驾驶半年到八九个月的时间，所获得的原石价值已经可以兑换1台苹果14 Pro手机，在更远的未来甚至有可能兑换1辆车。

总结来说，我们想利用人工智能时代这次伟大的改变，赋能用户发生角色转变。我们既要尊重他们的数据贡献，更要把企业发展的价值通过公开、公正、公平的方法和科技的手段分享给用户，这是我们和其他企业不太一样的设计。

宋海涛：谢谢刘涛，我们也希望智己在这条新的探索道路上能越走越好、越走越快。接下来有请马健做分享。

马健：谈到数据在产业中的应用，在生物医药产业中存在非常多的数据孤岛，我们要解决很多企业对数据安全的问题，包括联邦学习、隐私计算、区块链等。在生物医药领域也有类似的组织，不管在欧洲还是在国内都有，伴随着药物研发走向智能化，一定要解决很多数据问题，我们希望药企在数据方面有更多的分享机制。就我的观察而言，这部分目前还没有发展得特别成熟。表面的原因看，它可能是鸡生蛋、蛋生鸡的事，药企在没有尝到大的甜头时就要构造非常大的基础设施，大家知道做药和做其他产业是不一样的，和互联网行业的逻辑更不一样，它是一个安全、合规的产业，这是我认为表象上的原因。

更深层次看，我们过去这几年谈论"互联网+""+互联

网""人工智能+""+人工智能"这些垂直行业落地时，都有一个
共性的问题：工业行业的厚度是很深的，它的问题不是仅靠数据
就可以解决的，这里有非常多细分问题。A问题和B问题完全不
一样，并不是大家把数据联络起来就能得到一个通用的模型。老
革命经常遇到新问题，这是在药物研发，尤其是生物医药的基础
科研中很常见的现象。回到晶泰科技，过去几年从虚拟数据到真
实世界数据，我们更多的是通过打造真实世界实验室，通过提升
数据产生效率来解决其中的一些问题，这是我们自己就模型的迁
移性来看的重要解题思路。

另外一点，谈到刚才说的数据迁移性，药物研发行业有两大
类挑战：一类是生物学挑战，另一类是工程技术挑战。药物研发
要想解决未满足的临床需求，需要在宏观的疾病和微观的靶点之
间建立逻辑，发现因果关系，它有很强的偶发性和分布式特征。
如果是工程技术问题，那么创新就可以被复制。这一类问题不是
工程学挑战的问题，就意味着我们不能寄希望于AI数据可以在短
时间解决科学发现中的问题。

再有一个就是工程技术手段，包括刚才提到的其他产业，和
生物医药一样，指的是我做研究用到的工具，这部分能力的提升
可以依靠这方面大量的数据积累。比如说我做化学实验，给到一
个目标分子，我就可以更快地合成出来，我做 1 000 次、10 000
次，在越做越多之后，路线推荐的能力也会越来越强，就较好解
决了做药物过程中面临的很多工程学挑战问题，这对于提升整个
生物医药研发效率来说肯定是有帮助的，但是大家不要想着科研
挑战也能像工程挑战一样，有一个规律就可以复制，这还有很远

的距离。

宋海涛：谢谢马健，我们也希望晶泰科技在AI创新药上能取得更多突破。下面有请孙元浩做分享。

孙元浩：说到产业数据，刚才朱军红谈到钢联已经在用了。据我个人观察，现在数据的流通上还有几个障碍。

第一个障碍是以前的需求不足，而现在大模型出来之后，不管是训练，还是推理、应用，大家需要大量的数据，所以需求的问题很快可以解决。但是很多人不知道数据在哪里找，我们知道了钢联在这个产业链中的数据非常丰富就可以找到钢联这样的企业，但是很多人不知道，所以目前信息还不透明。

第二个障碍是数据质量的问题。语料数据，包括新闻事件有真有假，也不知道能不能拿来使用，而且这个数据也不能校对。所以我觉得数据在产业流通时也是一样的，数据的使用方应该不断地校正数据以提高数据的质量，当数据的质量提高了，数据的价值就能得以体现。

第三，我们国家的数据安全法、个人隐私保护法等法律法规出台后，大家对数据流通的态度可能会更谨慎，数据的脱敏和隐私保护问题也亟待解决。我们现在也在尝试是否能用大模型对数据进行分析和分类，看看哪些敏感的数据应该处理掉，哪些不是敏感的数据，等到这些痛点被解决之后，我们相信这个产业数据的流通会迅速加快。

宋海涛：最后，回到2023年世界人工智能大会的主题"智联世界　生成未来"。步入智能化、生成式的时代，为了推动全要素产业体系建立健全，推动人工智能产业高质量发展，需要全社会集众智、聚合力，赴上海、向未来，共同聚焦从创新、创造至创想的AI生成之路，展现AI驱动的高质量发展精彩图卷和AI促成的现代化产业体系焕新局面。再次感谢几位嘉宾的精彩分享。

专题讨论会：技术与治理——大模型驱动的创新交互范式

林达华   **上海人工智能实验室教授**

上海人工智能实验室领军科学家、香港中文大学信息工程系副教授、香港中文大学交叉学科人工智能研究所所长，于2012年获得麻省理工学院计算机科学博士学位。研究领域涵盖计算机视觉、深度学习、通用大模型等。在人工智能领域顶级会议与期刊发表逾200篇论文，被引用逾3.1万次。主导发起的OpenMMLab，成为深度学习时代最具影响力的视觉算法开源体系，还曾多次担任主要国际会议的领域主席以及主要国际期刊编委。

梅　涛

加拿大工程院外籍院士、
HiDream.ai 创始人兼首席执行官

加拿大工程院院士、IEEE/IAPR/CAAI会员、生成式人工
智能初创公司HiDream.ai创始人兼首席执行官。人工智能、
计算机视觉和多媒体领域的全球知名学者，发表的论文被
引用3万余次，先后荣获15项最佳论文奖，拥有70多项
专利,并主导研发了多款全球数百万日活用户的商业产品。
曾担任京东集团副总裁和微软研究院资深研究员。

邱锡鹏　　　　　　　　　　　**复旦大学计算机学院教授**

复旦大学计算机学院教授，国家优青获得者，主要从事自然语言处理、深度学习等方向的研究，出版的《神经网络与深度学习》被上百家高校作为教材，主持开发的开源框架 FudanNLP 和 FastNLP，已被国内外数百家单位使用，获钱伟长中文信息处理科学技术奖青年创新奖等。带领研究团队在 2013 年发布类 ChatGPT 模型 MOSS。

杨健伟   微软研究院深度学习组高级研究员

微软雷德蒙德研究院深度学习组的高级研究员，研究主要集中在计算机视觉、视觉与语言和机器学习。主要研究不同层次的结构化视觉理解，以及如何进一步利用它们通过语言和环境的体现与人类进行智能交互。在2020年3月加入微软之前，在佐治亚理工学院互动计算学院获得了计算机科学博士学位，导师是Devi Parikh教授，曾与Dhruv Batra教授密切合作。作为华人核心骨干参与了Florence大模型、X-GPT、X-coder、"分割一切"模型这4项非常突出的工作。

戴　勃　　　　　　　　　　　　　**上海人工智能实验室青年科学家**

上海人工智能实验室青年科学家，内容生成与数字化研究团队负责人，曾任新加坡南洋理工大学研究助理教授。博士毕业于香港中文大学MMLab，研究领域为三维重建和生成式AI，发表相关顶会顶刊论文40余篇。曾受邀担任BMVC2021领域主席，AAAI2022高级程序委员。上海市浦江人才计划及上海市高层次（海外）人才计划获得者。

主持人：

林达华　上海人工智能实验室教授

嘉宾：

邱锡鹏　复旦大学计算机学院教授

潘新钢　南洋理工大学计算机科学与工程学院助理教授

杨健伟　微软研究院深度学习组高级研究员

戴　勃　上海人工智能实验室青年科学家

梅　涛　加拿大工程院外籍院士、HiDream.ai 创始人兼首席
　　　　执行官

林达华：大家下午好，这是我在主持专题讨论的经历中参与人数最多的一次。马瑞青教授树立了一个非常高的主持标杆，引导张亚勤院士和郭帆导演就科学和艺术的对谈，也带给了大家一场思想的盛宴。

今天是2023世界人工智能大会的科学前沿论坛，所以我们的专题讨论还是要回归到科学的问题。怎么样让这次的专题讨论环节更加精彩，给大家更多的启迪，这是一件很有挑战的事情，所幸能得到在座各位老师的支持。

在此，我先介绍一下今天几位专题讨论的嘉宾。梅涛老师之前是研究员，现在已投身产业，也预祝梅老师的公司能有好的发展；邱锡鹏老师一直在自然语言领域和我们实验室有紧密的合作，他也是我国自然语言大模型的先行者；还有年轻一代的杰出代表，新钢最近刚刚发布的DragGAN文章非常的火热，今天他也在上午开幕式的专题讨论中做了非常精彩的分享；健伟主要是做多模态方面的研究，有着很高的成就；戴勃是今天正式发布的LandMark的技术核心负责人。今天的专题讨论嘉宾中有研究决策、自然语言、视觉、多模态、三维等各方面的研究者，大家济济一堂，也相信他们之间的交流和碰撞可以给大家带来很多新的想法。

今天专题讨论中我问的每一个问题，在我心目中都没有预设的标准答案，我是希望大家通过现场的交流，能带来新的火花。今天的专题讨论，我们还是从技术开始讨论，正如我先前在演讲中谈到的，我始终坚信技术创新是社会发展的重要源动力，我想在座有很多同学是抱着学习技术，了解技术未来发展趋势的心态来参加2023世界人工智能大会的。

大模型的模型结构和学习范式

林达华：我想问一下邱老师，你对现有大模型的模型结构和学习范式有什么样的看法，它未来的发展又是如何？

邱锡鹏：我认为Transformer的成功肯定有其必然因素，首先它的模型容量非常适合GPU，因为它是GPU诞生之后设计的模型，所以考虑设计模型时已经基于现在的GPU架构，它非常适合通过GPU扩大其规模，这个是它能成功的主要原因，包括它的容量要足够大。但是我认为这同样会带来一个问题，即它的算力消耗，它需要非常大的计算量，在未来如果把模型规模做进一步扩大时，可能就难以承受了。所以，我会比较坚定地认为，未来应该会有新的架构出现，新的架构应该会是计算友好的、低成本的，但具体这种架构长什么样，目前还有不确定性，但可以借鉴人的记忆机制。现在的Transformer是没有状态的，所以引入记忆之类的机制可以大幅地减少计算量。

另外，关于自回归式的语言模型，除非你能找到更加低成本获取的监督式的方法，在此之前，从左到右的语言模型形式依然是目前最有效的可以训练出大模型，或者是让模型记住这么多支持的一种方式，当然后面可能会更有效的方式。比如说，当模型能理解人类语言之后，我们是不是可以通过语言告诉它，你应该修正什么，哪里有缺点，怎么避免缺点，但它可能要先达到一定的基础能力。

大模型学习范式的多模态拓展

林达华：感谢邱老师的回答，基本上我能理解，Transformer 是在当前的计算架构条件下比较适合的形式，但对于长期发展来说，这是不是唯一的架构，可能目前还没有一个答案，也许今天在现场的同学能在三五年之后提出完全颠覆性的架构。

我们从语言模型再往前延伸一下，多模态已经成为技术发展的重要趋势，国内外科研机构，包括我们的实验室，已经开始把更多的模态融入大模型的研发和训练的过程中来。当我们把这种大语言模型LLM的范式延伸到更多模态时，会不会遇到不一样的挑战？这个问题首先我问一下多模态方向的专家——杨健伟。

杨健伟：我自己也在思考这个问题，最近我们注意到有很多受大语言模型的启发做多模态，尤其是视觉-语言大模型的工作。这些工作从不同的角度去尝试统一不同的任务。作为计算机视觉出身的研究者，我认为在多模态融合的计算机视觉领域，我们依然面临很大的挑战。首先相比自然语言处理，视觉-语言领域所处理的视觉数据是原始的连续信号，并且涉及的任务是多种多样的，比如图像识别和检索，图像描述和问答，也有物体检测，还有图像分割和深度估计等。这些不同类型的任务挑战所涉及的视觉理解的粒度是不一样的，同时输出的形式也有很大区别。在所有这些挑战叠加的情况下，目前已有的模型或者框架看似有很大的局限性，没办法一次或者一步到位地把所有的任务解决好。

我认为在多模态领域还面临一个问题，我把它称为数据金字塔，刚刚说到的不同类型或者不同粒度的任务数据，从图像级别到区域级别，再到像素级别，训练数据规模是完全不一样的。同时，不同层次的数据包含的语义信息量也有很大的区别。所以这里面临一个问题，怎么样能够学习所有的数据里面包含的标注信息，使得模型在不同层的任务做到有效协同，并再和大语言模型做一个对接，最后生成不同粒度的输出？所有都是值得思考的。

大模型学习范式在产业落地中的挑战

林达华： 刚才健伟的回答中提出了一个非常重要的问题，我们在不同的数据形态和级别上面，对技术和数据的需求有着非常显著的差异，现有的Homogeneous模型架构也许不能以最高的效率响应不同层级、不同规模数据的形态。

刚才健伟更多是从研究技术的角度做的分享。今天现场也非常有幸请到梅涛，正如领域里大家熟知的，他在计算机视觉方面做了很多有影响力的工作，现在也创建了HiDream.ai智象未来。梅涛老师，在AIGC产业落地的过程中，你对现有的技术和面临的挑战应该有非常深的理解，从你的视角来看，现有的学习的范式、模型结构，甚至是更大的技术体系，它面临着怎样的挑战？未来会不会有更好的范式可以克服这些挑战？

梅涛： 达华问的都是非常开放、艰难的问题，我试图从工业的视角来回答。我们可以看到一个现象，不管是OpenAI发布的GPT4还是谷歌发布的PAMI，你会发现这些通用模型并没有把视觉的生成式模型融为一体。这里有两个核心的难点，第一是对齐，alignment，我们能不能把tokenization做得很好，现在文本的tokenization已经做得很好了，因为它天然的有自己的分割符和语义，而且语义之间的逻辑关系非常清晰，但是不管是图像、视频，还是三维，比如视觉的Diffusion Model，3D有NerF，很难把它归到统一的框架中。而统一的、多模态大模型最大的挑战就是有没有非常强有力的工具，能把不同模态的tokenization做得更好，目前来说如果用像素来做tokenization的话，我们计算了一下，其算力基本上是目前ChatGPT的100万倍，这意味着把全球所有GPU加在一起都不够算。

第二是decoder解码，现在做生成式AI很重要的是Generation生成，其中最重要的模型是decoder，目前文本是用GPT（Generative Pre-Trained Transformer，生成式预训练Fransformer模型）的方式，但是在做图像、视频时用的是Diffusion Model，3D用的是另一套框架。如果这两个问题不能得到解决的话，我们很难预见统一的多模态模型能否实现。

林达华：刚才两位的分享中都提到，不同模态的模型都有非常显著的区别，而且其多模态的统一会从计算层面带来巨大的挑战，当前的很多模式是在当前的计算力情况和技术认知条件下的折中。

如何打破算力制约的困局

林达华：刚才几位老师都在他们的回应中共同指向了一个很重要的问题——计算资源，我们现有的技术架构，其设计在很大程度上受到计算能力的影响，是在当前计算条件的基础上设计出的比较容易可扩展的、有效的架构。

目前很多研究机构，也包括我们自己，非常关注计算资源，当前计算资源的供给也非常紧张。对于未来大模型的发展，我们如何去打破计算资源的困局，除了不断抢卡之外，从技术、算法或是其他的维度，有没有一些可以尝试、探索、破局的思路？这个问题我想请问邱老师。

邱锡鹏：目前算力是制约我们的非常大的一个因素，甚至整个人工智能的发展也很大程度上会受制约于算力，目前来讲，特指GPU方面，这种稠密的、并行的算法。之前我们也做过很多研究，去设计类似于Transformer的更高效的稀疏架构，但实际上在这些计算资源上跑时并不一定是最优的，反而还有可能跑不过理论上更复杂的模型。如果从将来的发展上来说，面向稀疏计算的芯片架构可能会有更好的前景和更迫切的需求。特别是对于国产GPU来说，我认为可以往差异化方向多做探索。

林达华：邱老师提到稀疏化的方式，通过提高算法的效率，一定程度上缓解算力的制约。接下来我提问一下新钢，新钢最近有一个非常出圈的、火爆的应用叫DragGAN，我先问你一个问题，DragGAN背后用了多少块GPU？

潘新钢：理论上1块就够了，但实际上我大概用了4块。

林达华：所以说新钢用了4块GPU做出了火爆全网的创新性应用，假设现在给你1 000块GPU，你会觉得GPU对你的创新来说是很大的制约吗？

潘新钢：我觉得它可以提供更多的可能性，它可以拓展我探索的范围，GPU更多，我能探索的任务也更多。但即使没有那么多GPU，仍然有非常多的学术、应用问题可以进一步探索，所以我想对于学术圈来说，在有限GPU的情况下我们也可以探索很多有价值的问题。

林达华：所以，最终的限制不是GPU，而是想象力，我想这也是新钢最近的工作成果所带给大家的启迪，我在日常的很多交流中发现，大家心心念念的就是能排到多少卡，但事实上，最近一系列特别火的创新，包括DragGAN、AutoGPT等，并不是在非常巨大的计算资源的支撑下做出来的。所以在算力小的情况下，也许能倒逼出一些不一样的创新，或是让我们在算法的效率方面有很多新的思考，总而言之，技术的创新还是源自创新的理念，在不同的条件下，它可能会有不一样的表现形式。

大模型与交互的变革

林达华：刚才讨论的都是技术层面的问题，在技术之后最重要的还是应用，大模型的这一波浪潮，很大程度上影响并改变了世界的交互方式，从原来我们需要写很细的程序，变成用自然语言就能指导机器做很多事情，从汇编语言到高级语言再到自然语言，这其实是人与计算机的关系在几十年发展后，交互级别越来越高的发展脉络，所以我想，大模型和交互是密不可分的，这也是为什么今天我们论坛的圆桌对谈的主题是大模型与交互。

关于交互，我想几位年轻的科学家应该有很多新的想法，新钢，DragGAN可以说是你在这个领域探索的起点，展望未来，你认为大模型所带来的技术变革的浪潮会为交互方面带来什么新的可能性和变革？

潘新钢：我认为主要有三个方面。首先是前面提到的多模态大模型，如果我们能很好地学习文字、图片、视频和3D数据之间的联合分布，它会极大地拓展交互的空间。其实在今天先前的发布会上展示了语言模型能很好地完成一些教育方面的任务，但很多的教科书是有图片的，很多学生的回答也是要绘图的，如果能让大模型共同理解图片和文字，并且能反馈和生成图片和文字，这在教育方面是更理想化的，也极大地拓展了可能性。

其次，大模型在不同的运用场景里会有不同的交互方式，它会更多地和具体的应用相结合。例如在图片编辑中，在大模型出现之前主要的图像编辑软件是Photoshop，Photoshop并没有基于文字的编辑方式，它的很多操作都是基于鼠标，要在图像特定的区域进行拖拽及处理，比如你希望完成瘦脸这一操作，可能用到液化的拖拽方式，但通过AI，我们可以将拖拽做到更智能，使其更符合图片原本的特性。在3D数据的建立，或是其他的应用场景中，也有该应用场景所需的能和用户交互的方式。让AI和特定应用场景的交互方式结合，也会有非常多的可能性。

最后，交互的方式也取决于硬件技术，苹果公司前不久发布了新的VR设备，这对于3D建模师来说将可能是新的创作方式，大模型也可以和这些新兴的硬件交互方式结合，让设计师们更好地进行创作。

林达华：谢谢新钢从多个维度分享了他对于模型与交互的思考。接下来问一下戴勃，戴勃是今天先前发布的LandMark背后一位核心的技术负责人，但是我觉得今天 LandMark 的发布是略有遗憾的，因为没有在现场给大家演示交互的方式，只演示了最后渲染的结果，我相信这样的大模型和成果最终还是要通过交互的方式才能激发人们的想象力。在三维的世界，尤其是城市级的三维世界中，请你畅想一下，未来 LandMark 或是更进一步的模型会怎样改变人和城市及三维空间的交互范式？

戴勃： 会场外面有 LandMark 的实时演示和交互，如果大家感兴趣，可以去用手柄实际感受实时的穿梭体验。有了 LandMark 之后，会不会在人与城市的交互中有一些变化？我认为是有这种潜力的，AI 技术会为人的想象力赋予现实的土壤，使其能展现出来，基于 LandMark 以及之后的努力，有可能重建现实，比如把城市放入虚拟空间中，同样可能会超越现实，比如先前展示的编辑和风格化的功能，能让我们的想象力在城市这样广阔的场景上得以发挥，比如之前需要通过人工的手段去制作科幻电影中外星球的虚拟城市。未来，我们也许能通过 AI 技术快速地实现这样的制作，能把虚拟的星球真正展现在大家眼前。

此外，虽然很久没有提及元宇宙的概念了，但我认为，AIGC、大模型等技术仍然是实现元宇宙的途径，有了 LandMark 这样的技术，很有可能实现之前我们所希望的那种真实的、栩栩如生的空间，不仅有城市，还有动态的人、车、物体，实现一个虚拟的、活动的城市，让我们能真正地在虚拟空间里面体验、感受和交流。

林达华： 谢谢戴勃的分享，戴勃提到了 LandMark 未来有可能创造真正意义上的元宇宙。交互是一个非常广阔的问题，我也想在这个话题上多问一问，请大家更多的交流和碰撞。我想提问一下健伟，你认为多模态在交互方面会有哪些新的可能性？

杨健伟： 我非常赞同两位的说法，我一直认为在多模态领域中，不仅可以有语言上的交互，我们还有很多其他的不同模态的交互，而其他不同的模态就涉及空间交互。语言可能不能完全地表达所有信息，它可以表达情感和知识，可以作为知识的载体，但是在人和人、人和机器交互时，还有一种很重要的交互就是空间的交互，这是三维世界中非常独特和必要的交互形式。在这一点上，新钢提到的DragGAN，更多是在图像编辑的角度，我想从图像理解的角度聊一聊，比如在最近的SAM和一系列的工作里面，包括我们做的SEEM工作，都展示了一个很有意思的特点，即所有的细粒度视觉任务像大语言模型ChatGPT一样也需要很强的人机交互，我们需要通过跟模型的交互来减少歧义。比如说以前做基于文本的交互时，它表达的内容很有可能不够清晰、具体或者很多视觉内容无法有效地被语言描述，这时就需要用其他的方式，比如空间或是示例图像作为交互和传递信息的媒介。在我看来，在大模型的多模态领域有很多值得思考、探索的交互方式的开发与融合。

林达华： 谢谢健伟。交互一直是给人用的，很多时候需要以产品化的形式存在。梅老师在创业的过程中对此有很多深入的思考，我想请问，从工业和产品的角度，你认为大模型会为交互方面带来哪些可能的变革？

梅涛： 大模型带来的最有可能的变革就是使得人机交互不一样了。我记得在2009年时，我们在微软研究院做过一个项目，那个项目做得比 Siri 还早,当时我们就在想,怎么让人和当时的 Windows Phone 做自然的交互,但是后来发现我们在技术上还不是很成熟,我们当时做了基于位置的推荐和选项,当我们需要交互的时候提供一些选项供它选择,比如订餐厅要订在哪里、几点钟、几个人。现在基本上可以通过自然语言的方式完成人和机器的交互。

我觉得在未来的几年或是更短的时间内一个比较重要的话题是,人和 AGI 之间怎么交互。这种最高级的交互方式当然是自然语言,我们可以把 AGI 当成自然的人来交互,通过 In-Context Learning 产生情感。但是未来的一段时间内,我认为可能更关注于我们怎么样用一个机器能够理解的语言,比如 prompt 的方式能让机器理解人的意图,以及人能在几千亿的模型里面去 prompt 我们需要它的知识,这是比较关键的。比如现在在做图片与视频生成时,我们并不需要非常自然、完全没有语法错误的自然语言,我们需要的是更精准、更符合设计师及特定人群的 prompt 表达方式,这种方式不一定是自然语言。所以我认为在未来的短时间内,我们更关注于怎么把 prompt 做好,通过这个 prompt,能够挖掘大模型里更多的需要的知识。

大模型时代的产业变革

林达华:梅老师讲的洞察非常重要,prompt 可能是未来人与模型及 AGI 交互的非常关键的钥匙,也许在这其中有很大的创新空间。某种意义上,新钢的 DragGAN 就是非常有创造性的 prompt

方式。

从应用拓展到产业这样更大的范围，任何技术的生命力都离不开产业落地作为支撑。从这个角度，我想问的是，在大模型这个时代，产业和技术的分工会和过往的时代，比如深度学习甚至是更传统的软件互联网的时代，有什么不一样的地方？关于大一统下的水平划分的分工愿景，你有什么看法？在这样的新趋势下，您认为创业公司的机会在哪里？

梅涛：刚才我想讲的有一点，现在新的人工智能和大模型范式和以前有什么不一样？以前每个垂直领域就是一个应用，一个应用对应一个算法，基本上是碎片化的，而大模型的到来深刻改变了这种范式，一个模型或是基础模型，当它的能力足够大时，它可以支撑很多种应用，甚至可能达到1对100，所以其实它已经深刻改变了未来工业界的范式。

我特别赞同水平化的划分，对于大公司来说，如果它的算力足够大、数据足够多，他们可以把基础模型做得足够好，这对于很多的创业公司来说门槛是相当高的。但是一旦把基础模型做到足够好时，在模型层和应用层之间有一层很大的空间，因为各行各业很难用一个通用的模型满足客户的要求，此时对于创业公司来说有很多机会，因为你可以基于一个垂类的模型或是大模型去设计不同的应用，以满足客户的特定要求，这其中的空间是巨大的，也正是因为这样的划分，一个小的公司不需要自己建一个大而全的模型，他可以做一个垂类的模型，此时创业的门槛就会降低，所以我认为，未来在应用层会有很多创业的机会。

大模型时代的教育思考

林达华：最后还有两个问题。任何一个技术的生命力在于产业支撑，但是技术，尤其是像大模型这样的技术，已经在改变我们的生活和交互方式时，和人的关系变得更加紧密，这个时候我们最离不开技术发展过程中的人文关怀，关于大模型技术以及交互的变革对人的影响，有几个问题和大家一起探讨。

大模型掌握了越来越多的知识，大模型也展现出越来越强的能力，比如做考试、完成任务等。这时很多同学会觉得寒窗苦读十年的成果，大模型完全会做，那我们学习和接受教育的价值在哪里？在大模型技术变革的浪潮中，未来的教育方面会有什么样的新范式与新思考？我想问一下戴勃，在大模型出来以后，未来的我们和下一代的学习过程会有什么样的变革？怎样在大模型的时代依然保有我们的价值？

戴勃：我认为大模型对教育来说其实是有利的，就我自己在使用语言大模型的感受而言，它可以24小时待命，它可以针对不同层级和目的的人群，也能打破地区限制，它可能会让每个人都享受更好的教育。

大模型似乎掌握了很多知识，那我们学习的意义在哪里？这个问题中国的古人已经有很好的回答。关于教育的意义，古人说"授人以鱼不如授人以渔"，所以其实知识不是关键，关键的是你怎么在学习的过程中掌握思考的方式；古人也说过"尽信书不如无书"，我们不能完全地依赖大模型给予我们的帮助，我们还是需要从头学习并培养独立思考的能力。

大模型时代的创新能力

林达华：最后的问题，在先前的跨界对谈中，郭帆导演提到，现在的AIGC对于艺术创作中的某些岗位，比如概念设计师，有很大的冲击，未来随着模型能力越来越强，交互越来越便捷，很多创作的过程可能会越来越依赖大模型和AIGC技术的帮助，这种依赖会不会对人的创新、创造的过程带来抑制作用？如果在未来，越来越多的基础数据是由模型创造出来时，模型在往前迭代时，其迭代源泉究竟在哪里？我想在思考大模型及AGI终极发展时，不能脱离它和人之间的关系。关于这两个问题，我想请问一下邱老师。

邱锡鹏：未来可能真的会有一种新的范式。大模型的自我迭代非常重要，一种方法是把机器人放在现实生活中，像人一样通过具身学习去迭代，但是它的学习效率有可能是我们等不起的。很多知识的监督信号来自哪里？我们在现实世界中有很多的知识是无法用文本表达的，但又需要它去学会，我们肯定不会像我们培养下一代一样让它慢慢去学。所以在未来，我们可能会放开，让它自己非常快速的迭代，这样可能会发展得比人的智能能力更高。但同时也有一个约束，有时我们可能不需要给它设置一个太明确的目标，因为一旦设置明确的目标它就会按照自己的逻辑迭代，我们可以设计一种目标不太明确的，并且对人类有益的学习迭代方式。

林达华：谢谢邱老师关于模型迭代新方式的分享。其实这个分享还是回到了创新，当人越来越依赖模型作为支撑、支持时，创新能力会不会受到影响。新钢一方面做出了非常具有创造性的成果，另一方面也在做研究，你怎么看待这个问题？

潘新钢：大模型擅长模仿人类的推理和创作方式，但是它从0到1的创新能力目前达不到人的水平，人可以从没有文字到创造出文字，再到发展出三次工业革命，反而是大模型的出现使得人的创新能力变得尤为重要，因为它可以替代人的机械式劳动。比如说你有一个想法需要变成电影草图，大模型就可以帮你做，但如何想一个好的、高级的，之前的数据中都没有出现过的想法，这是设计师或是任何AI的使用者更为重要的能力。

林达华：在我结束这次的圆桌对谈前，还是借用新钢提到的观点，我相信这也是很多人工智能研究者的共同理念，无论模型怎样发展，对于人来说，最宝贵的就是我们内心创新的意愿和能力，谢谢大家。

附 录

2023 世界人工智能大会全景回顾

　　2023世界人工智能大会于2023年7月6—8日在上海成功举办。大会贯彻落实二十大精神，在国家七部委指导下，以"智联世界　生成未来"为主题，积极抢抓通用人工智能机遇，加快推动世界级产业集群建设，打造人工智能"上海高地"。上海市委书记陈吉宁出席开幕式并致辞，上海市委副书记、市长龚正主持会议，工信部副部长徐晓兰、教育部副部长陈杰、中国工程院副院长钟志华、中国科协副主席书记处副书记束为、联合国工业发展组织副总干事兼执行干事邹刺勇等出席开幕式。

　　大会以前沿的思想引领行业创新方向，以卓越的成果激励产业发展新动力，以沉浸的体验绘制未来美好蓝图，打造了一届跨越时空、链接全球、凝聚智慧的行业盛会。规格再创新高，大会始终坚持"科技风向标、应用展示台、产业加速器、治理议事厅"定位，以"会、展、赛、用、才"五大板块呈现，整体按照"1 + 1 + 2 + 10 + N"架构，即1场开幕式、1场闭幕式、2场全体会议、10场主题论坛以及各类生态论坛及活动共计133场，1 400余名嘉宾参会，展览面积超过5万平方米。

　　成果展示更前沿，聚焦大模型、智能芯片、科学智能、机器人、类脑智能、元宇宙、自动驾驶、数据论坛、法治与安全、区块链等十大前沿风向，首次设置"中国人工智能产业创新成果展"和"迈向通用人工智能"两大主题展区。传播影响更广泛，大会开启海内外同频传播，引发社会广泛关注。截至大会闭幕时，线下参观人数突破17.7万人，全网流量突破10.7亿（2022年为6.38亿），比上届增长68%，全网曝光量64.1亿，均创历史新高，辐射2 600余家网络与媒体。产业带动更强劲，对接210家上下游企业，达成110亿意向采购金额；推动大模型、智能算力、智能机器人等领域32个重大产业项目签约，带动288亿产业投资额落地。

一、创新策源，开启通用人工智能新纪元

市委书记陈吉宁在开幕式上致辞时指出，5年来，上海深入贯彻落实习近平主席的重要指示，始终把发展人工智能作为优先战略选择，聚四海之气、借八方之力，不断强化创新策源、应用示范、制度供给和人才集聚。上海正按照习近平主席的重要指示要求，努力当好全国改革开放排头兵、创新发展先行者，更加

需要发挥人工智能赋能百业的"头雁效应"、拉动发展的"乘数效应"。

工业和信息化部副部长徐晓兰致辞指出,以深度学习为代表的新一代人工智能和以大模型为代表的通用人工智能不断取得技术突破,将成为智能产业的根技术和智能经济的基础设施。工业和信息化部以人工智能与实体经济融合为主线,推动我国人工智能产业把握新机遇,应对新挑战,取得新成效。上海是我国人工智能产业创新发展的高地,希望各方以世界人工智能大会为平台,共同推动人工智能健康发展,携手开启智能产业发展新篇章。

业界大咖齐聚浦江。戴维·帕特森、约瑟夫·斯发基斯、曼纽尔·布卢姆、杨立昆、姚期智等5位图灵奖得主,诺贝尔奖得主迈克尔·莱维特,80余位国内外院士,特斯拉、微软、亚马逊、苹果、华为、阿里等公司的50余位海内外企业领军人才,20余位知名高校校长及80余家独角兽企业负责人共同参会,共话通用人工智能技术突破与未来展望,探索大模型、具身智能与科学智能等前沿方向。

国际朋友圈再扩大。联合国工业发展组织、联合国教科文组织、电气和电子工程师协会(IEEE)、国际人工智能联合会议(IJCAI)、美国人工智能安全中心(Center for AI safety)等国际组织集聚,各国专家共话AI发展未来。

前瞻观点交流分享。开幕式上,埃隆·马斯克指出,人工智能强大而高效的生产能力,将使人类进一个全新的时代;姚期智表示,有了大语言模型之后,更多的工作尤其是文书相关的内容都可以由机器执行;胡厚崑认为,人工智能的发展,关键是要"走深向实",赋能产业升级;汤晓鸥指出,新一代人工智能领域的学生,已经在上海起步。产业发展全体会议上,围绕"AI突破""产业蝶变""未来动能"三大主线展开探讨,中国科学技术信息研究所重磅发布《2022全球人工智能创新指数报告》。科学前沿全体会议上,锚定"通用人工智能与科学未来"主题,聚焦AI学术前沿进展、AI创新人才培养、AI未来趋势、AI与人类福祉等四大方向展开深度讨论。

战略专家集思广益。28位战略咨询专家围绕"通用人工智能的上海作为",聚焦大模型关键技术、具身智能和通用智能机器人发展趋势、通用人工智能创新生态和人才发展环境三大议题展开讨论。潘云鹤指出,大数据、大模型、大知识、大用户是驱动ChatGPT成功的四大要素;沈向洋认为,大模型重塑了人类知识新范式、生产力工具以及未来人机协作模式。姚期智认为,具身智能已经成为国际学术前沿研究方向。

共议人工智能治理。设置可信AI、安全AI、数字法治等伦理安全多场主题论坛;邀请来自国际电信联盟ITU、IEEE等国际组织的专家共同探讨人工智能、元宇宙等国际标准;发布《人工智能大模型伦理规范操作指引》《AIGC风险评估框架(1.0)》《面向新商业模式的高级别自动驾驶法律责任白皮书》及伦理安全、可信AI、数字法治等治理成果。

二、前瞻探索,引领人工智能发展新风向

大会全面呈现具有国际前瞻、中国特色和上海范式的人工智

能领域前沿技术和亮点成果，汇集400余家人工智能企业参展，集中展示技术、应用、赛奖评选等成果。

SAIL奖引领创新风向。SAIL奖首次设置200万奖金池，吸引全球800余款创新成果和200多篇论文参评，商飞三维超临界机翼流体仿真重器"东方·翼风"、华为云天筹AI求解器、高通第二代骁龙8移动平台的人工智能引擎、晶泰科技智能化自动化药物研发平台以及剑桥大学张云蔚的论文《机器学习结合阻抗谱技术预测锂电池老化》获得SAIL奖。

创新成果精彩呈现。"中国人工智能产业创新成果展"立体呈现我国人工智能产业推进的重大举措以及先导区、产业规模、投融资等产业创新优秀成果和AI赋能行业融合发展的成功案例。"迈向通用人工智能"主题展区体现了上海积极落实打造人工智能世界级产业集群的国家战略部署，设置算力基础、模型底座、智能应用、创新前沿等四大板块。算力基础板块，10家芯片企业带来共计12款芯片；模型底座板块，商汤科技日日新商量语言模型、百度文心一言、科大讯飞的讯飞星火认知大模型等14个基础模型集中亮相；智能应用版块，达观、星环、维智等10余个大模型在金融、时空计算等垂直领域赋能应用；创新前沿板块，以人形机器人、科学智能为代表的前沿成果集中呈现。

创新展品引领风潮。珠海必优科技ChatPPT、网易传媒数字人Eassy、华院数智人、美团无人机V4等30余款新品首次面世。镇馆之宝隆重揭榜，蚂蚁科技的"蚁鉴AI安全检测平台2.0"、亚马逊的"Amazon Bedrock"、百度的"文心一格"、拟未科技的"Graphcore C600 IPU处理器PCIe卡"、华为的"昇腾AI大模型超级工厂"、晶泰科技的"AI药物研发自动化解决方案"、燧原科技的"云燧智算集群"、西井科技的"智能换电无人驾驶商用车Q-Truck"以及腾讯的"腾讯多媒体实验室XMusic"九大镇馆之宝,创新展示人工智能新平台、新工具、新应用。

品牌赛事尽显风采。黑客马拉松、AIWIN世界人工智能创新大赛、BPAA算法实践典范大赛和团市委青少年人工智能创新大赛"四大品牌赛",聚焦热门软件算法、开源生态、行业应用和社会科普,汇集超3 000支参赛队伍,共同挖掘AI青年前瞻创新成果;首届全国数商大赛、张江智能机器人科创赛等生态赛同期举办。

三、成果涌现,锚定产业未来发展新赛道

大会坚持前瞻创新思维,积极搭建全球技术、场景、人才互动交流平台,通过多平台共进、捕捉经济增长新热点,加快布局未来发展新风口。

聚焦大模型创新发展。30余款大模型同台竞技,包括上海人工智能实验室书生通用大模型体系、清华大学计算机系知识工程实验室中英文对话模型ChatGLM、金山办公WPS AI国内首个类ChatGPT式应用,以及达观、星环、维智等10余个垂直领域大模型。成立大模型测试验证与协同创新中心,联合发起大模型语料数据联盟,将出台大模型创新发展政策要点。

聚焦具身智能赛道。围绕人工智能与机器人在融合创新、场景突破、业态共建等方面的技术趋势和实践进行分享和探讨,推

动人机协作全场景升级，助力机器人产业健康发展。傅里叶智能通用机器人、同济大学人形机器人、期智研究院具身智能机器人、达闼智能机器人等20余款智能机器人高光亮相。

聚焦科学智能前沿。聚焦脑机接口、AI辅助药物研发等热门方向，前瞻性分享科学智能领域趋势观点和技术前沿；创新性展示复旦大学数字孪生大脑、晶泰科技自主研发的智能自动化实验室Demo模型等创新成果，成立智能医学产业合作中心等创新平台。

四、聚势增能，打造链接全球开放新态势

大会充分发挥平台优势，大力推进重点项目签约服务落地，打造成为全球人工智能资源配置枢纽节点。

培育开源开放生态。Apache、Zabbix、网易伏羲、OpenDataLab、OpenMMLab等一众顶尖开源社区及开发者大咖参会；举办AI书友会、开发者技术workshop、开发者欢聚夜等特色活动，链接全球开发者，积极营造开源开放生态。

撬动亿级供给需求。深度融合企业、媒体、IP资源，联动英国、韩国等组织百余个采购参观团，征集80余项人工智能行业需求，打造20余场采购商配对会，发布百亿采购需求，覆盖智慧金融、智慧城市、智慧文旅、数字化转型、投融资等领域，对接上下游企业210家，现场共计达成意向采购金额110亿元。重大项目集中签约，商汤科技临港AIDC二期项目、阿里云金山算力生态赋能基地项目、上海仪电智能算力产业项目等32个重大产业项目

签约，聚焦生成式AI与大模型、智能算力、智能机器人、元宇宙等领域，总投资288亿元。

产融发展深度对接。交通银行、中国银行等银行团体，上海产业投资基金、Linux基金会等知名投资机构，中金集团、中信集团等金融企业，围绕人工智能热点话题、投融资赋能等议题展开跨界交流。临港科创投资基金、上海人工智能产业投资基金、红杉初创生态展示区携50余家创新型孵化科技企业参展。市工商联举办民营企业社会开放日活动，设计7条"珍珠"线路，安排"智慧美好生活体验之旅""智能机器人探秘之旅""硬核范娱乐动感之旅"等主题，邀请社会公众走进20家深耕人工智能各领域的优秀骨干企业。全球创新项目路演成功举办，200余项成果参与角逐，设序科技、幻量科技、霖晏医疗、绘话智能、星逻智能5家企业获奖，并持续推动成果落地转化。

创新人才交流平台。围绕人才发展，特设领军人才闭门座谈会、女性菁英论坛、青少年人工智能创新发展论坛、AIGC时代下的青年开发者人才培养等论坛，广泛覆盖战略科学家、企业领军人才、青年人才、卓越工程师等多元化群体；搭建人才集市，由上海仪电、联通、达闼、纵目科技等人工智能企业，共同打造人才供需对接平台。

五、超前体验，共享人工智能应用新未来

大会智能化场景全面优化提升，体验感为历届之最。依托元宇宙、数字人等技术，从物理世界和数字世界两个维度，着力打

造虚实融合的体验场景，为观众提供更深层、更沉浸、更具未来感的参会体验。

深度拓展智能应用。结合陆家嘴、武康大楼、徐汇AI TOWER和南京东路步行街等多个地标打卡，融合上海特色文化及科技梦幻元素，以浦东沿岸为舞台，为民众呈现"点亮浦东"AR夜景秀；营造"张江·未来之城SUPER CITY"场景体验，展示AI画廊、数字人、人机接口交互等新应用；依托西岸美术馆举办AI演出，联动星美术馆、龙美术馆、"三体"科幻体验馆等，营造"AI+ART"浓厚氛围。

全面升级线上体验。开幕式全景穿梭体验、主分会场虚实联动，创新"千人千面"数字分身体验，元境星球2.0优化沉浸式互动体验，大会云平台4.0创新提供定制化界面、智能标签和智能推荐等服务；通过虚实世界合影、元宇宙咖啡、AI智能画卷、数字新闻官等创新体验，全面开启"漫游数境未来"沉浸式体验探索之旅。

创新优化传播形式。充分发挥人民日报、新华社、央视三大央媒及解放日报、文汇报、新民晚报、上海电视台、上海电台五家沪媒等主流媒体优势，推出专版专题及视频报道。全面升级AI魔盒，突破性采用旋转舞台的设计，实现一个舞台、多种功能。3×24小时"全程大放送"再次启动，特别安排"重磅嘉宾红毯亮相""具身智能大巡游""为WAIC打call"等多个IP节目。央视、新华社新媒体中心、澎湃、财联社、浦东融媒体中心5家媒体现场直播，呈现一场精彩绝伦的AI盛会。

在有关各方的大力支持下，世界人工智能大会已成功举办六届。在大会带动下，上海人工智能高速发展，初步形成算力、算法、数据等较完善的产业生态，产业集群发展有序推进。产值规模倍增，规模以上企业数量从2018年的183家增长到2022年的348家，产值从1 340亿元增长到3 821亿元。技术攻关突破，智能芯片、核心算法等软硬件技术取得突破，创新策源能力显著增强，人工智能基础创新体系进一步夯实。应用赋能广泛，城市数字化转型全面开展，形成一批可复制、可推广的人工智能应用标杆，为城市高质量发展注入新动能。人才效应凸显，人才培养体系优化，人才配套政策完善，多层次人才梯队基本成型，人才集聚效应愈加凸显。

面向未来，上海将贯彻落实习近平总书记打造人工智能世界级产业集群指示精神，坚持长期性和敏捷性相结合，坚持突破关键技术和打造开放生态相统一，坚持更好统筹发展和治理、开放和安全，以更大力度推动人工智能健康发展，做好算法创新、算力建设、数据汇集的大文章，加快构建自主智能计算生态，聚力发展人工智能大模型，积极探索通用人工智能在先进制造、城市管理等垂直领域的应用实践，加快发展具身智能和机器人产业，努力打造更具影响力的人工智能上海高地。

WAIC

图片集锦

会议论坛延续"1 + 2 + 10 + X"的总体架构，
形成技术、产业、人文三大话题板块、17个重点话题方向。

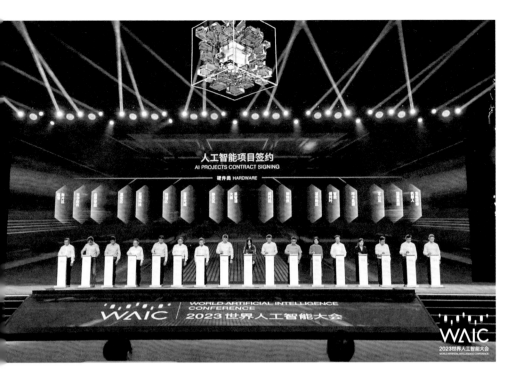

打造负责任的人工智能
Build responsible AI

公平
Fairness

可靠和安全
Reliability & Safety

隐私和保障
Privacy & Security

容
veness

透明
Transparency

责任
Accountability

大模型语料数据联盟
Corpus Data Alliance for Foundation Model
发起成立

展

展览展示规模进一步扩大，线下展览面积达5万平方米，
聚焦核心技术、智能终端、应用赋能和前沿技术四大板块。

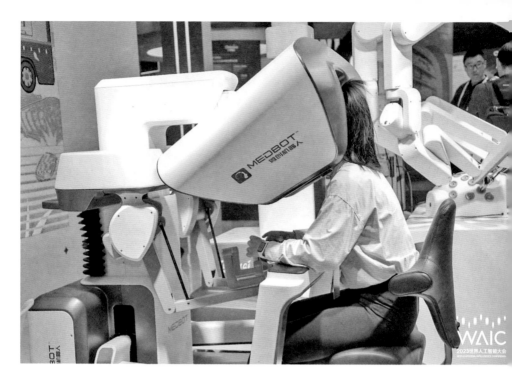

竞赛评奖以"SAIL奖"为引领，
聚集AIWIN世界人工智能创新大赛、BPAA算法实践典范大赛、
黑客马拉松、团市委青少年人工智能创新大赛等品牌赛事。

应用体验将整体联动线下会场和线上平台，

虚实融合，整体打造大会应用场景，

为参会者带来身临其境的智能科技体验。

针对多层次人才梯队，开展一场人才论坛和 N 场 AI 开发者主题

活动，助力上海打造卓越的 AI 产业人才生态圈。

奏响AI产业与人才二重奏

黄卫红
埃森哲大中华区人才资源总裁

成守正
罗盛（上海）人才咨询服务
有限公司合伙人

汪玉
清华大学电子工程系
长聘教授、系主任，IEEE Fellow

马超
上海宏景智驾信息科技有限公司
系统与安全副总裁、联合创始人

后 记

2023世界人工智能大会成功召开后，在各级领导的关心支持下，大会组委会随即启动成果汇编出版工作。经过几个月的编辑工作，这本《智联世界——生成未来》呈现在读者面前。

本书文字内容来源于大会开幕式和全体会议的嘉宾演讲内容，在编写的过程中，得到了各位演讲嘉宾的积极配合与支持。本书的内容编辑，包括素材整理、文本梳理，以及嘉宾联络等工作，由上海市经济和信息化委员会、上海广播电视台第一财经、上海东浩兰生会展（集团）有限公司等单位相关团队承担。本书的设计和出版得到上海世纪出版集团上海科学技术出版社的支持。同时，本书的出版也离不开大会各主办单位和上海市各级领导、有关部门的大力支持。在此一并表示感谢。

世界人工智能大会组委会

2023 年 11 月

图书在版编目（ＣＩＰ）数据

智联世界 ： 生成未来 ／ 世界人工智能大会组委会编
. -- 上海 ： 上海科学技术出版社， 2024.1
ISBN 978-7-5478-6526-2

Ⅰ．①智… Ⅱ．①世… Ⅲ．①人工智能 Ⅳ.
①TP18

中国国家版本馆CIP数据核字(2024)第003706号

责任编辑： 王　娜　包惠芳
装帧设计： 陈宇思

智联世界——生成未来
世界人工智能大会组委会　编

上海世纪出版(集团)有限公司
上海 科 学 技 术 出 版 社 出版、发行
（上海市闵行区号景路159弄A座9F-10F）
邮政编码201101　www.sstp.cn
上海雅昌艺术印刷有限公司印刷
开本 890×1240　1/16　印张 7.25
字数 156千字
2024年1月第1版　2024年1月第1次印刷
ISBN 978-7-5478-6526-2/TP·87
定价：78.00元

本书如有缺页、错装或坏损等严重质量问题,请向印刷厂联系调换